JN047661

遺伝医学への招待

改訂第６版

監修 新川詔夫
共著 太田 亨／吉浦孝一郎／三宅紀子

AN INTRODUCTION TO MEDICAL GENETICS

南江堂

●監　修

新川　詔夫　にいかわ のりお　長崎大学 名誉教授，北海道医療大学 名誉教授

●執　筆

太田　　亨　おおた とおる　北海道医療大学健康科学研究所 教授

吉浦孝一郎　よしうら こういちろう　長崎大学原爆後障害医療研究所人類遺伝学 教授

三宅　紀子　みやけ のりこ　国立国際医療研究センター研究所疾患ゲノム研究部部長

改訂第6版の序

初版の刊行から29年が経ち，この度改訂第6版を刊行することになりました．今回の改訂で，第5版まで主に執筆していただいた新川詔夫先生には，全体の監修として携わっていただきました．今版では，新たに第一線で活躍する遺伝医学者を共著者に迎え，共同で改訂作業にあたりました．

最近の高校の生物IIの教科書では，メンデル遺伝の記述がなくなっています．そのかわり分子生物学的記述が増えています．大学や専門学校の医療の教育で，突然メンデル遺伝性疾患の説明があれば，メンデル遺伝を理解していない人には非常に難解でしょう．医療の現場においては，メンデル遺伝は遺伝学の基本です．また，染色体異常の患者さんは，どの専門医療領域にも受診されます．メンデル遺伝や染色体異常は，現在でも非常に重要な遺伝医療の基本です．したがって，メンデル遺伝や染色体の説明は，第6版でも重点を置いて記述しています．また，臨床の現場では，プレシジョン・メディシンが取り入れられています．これには，個人の遺伝情報が利用されています．また，東北メガバンクなどで知られているように，高血圧や糖尿病などの生活習慣病や，神経疾患などの多因子疾患の大規模なコホート研究が進んでいます．このリスク因子はゲノムDNAの多型が大きな割合を占めています．多因子の遺伝性疾患は，メンデル遺伝とは違った知識で理解する必要があります．さらに，国内でもRNA干渉を利用した核酸医薬品が認可されています．ゲノム編集技術の目覚ましい進歩もみられます．

このように，医療の現場では日々新しい分子遺伝学の知識が取り入れられています．古くから知られている遺伝の知識から，最新の知識，さらには遺伝病の各論を理解するには，膨大な内容を理解する必要があります．そこで，本書では旧版と同様，医師・歯科医師・薬剤師だけでなく，看護師・助産師・保健師・臨床検査技師・診療放射線技師・歯科衛生士・福祉士・療法士などの医療従事者やそれらを目指す学生の方々も対象にした遺伝医学の入門書として，できる限り専門用語を用いず平易な説明を心がけ，簡潔に広範囲の遺伝学的知識を網羅しました．実際の遺伝カウンセリングに利用されるベイズ推定法も付録に載せております．本書は，遺伝医学の入門書として使っていただけたら幸いに思います．

　また，本書の改訂にあたり，南江堂の藤原健人さん，提坂友梨奈さん，杉山由希さんに大変お世話になりました．この場を借りて深謝いたします．

2019年12月

著　者

初版の序

工学が物理学や化学の応用科学であるように，医学も生物学を基本とした応用科学です．さらに遺伝学は生物学の基本的な知識の1つですから，工学における数学のように，医学関係者はすべて遺伝学の基礎知識を修めていなければならないはずですが，わが国ではどうもそうではないようです．大学の医学部自体に遺伝医学を専門にしている講座や専門家が少ないことが，その原因でしょう．医療の現場では常に遺伝病の患者さんを診ているにもかかわらず，大多数の医師は適切な遺伝学的アドバイスをしていないように思えます．

また，医師だけでなく，看護婦，助産婦，保健婦，検査技師，レントゲン技師の方々からも，「遺伝学は難しい学問ですね」という声をよく耳にします．中学校や高等学校でメンデルの遺伝法則を習っているのにどうしてかな，と思いましたが，エンドウ豆やショウジョウバエの遺伝と，人の遺伝のちょっとした差を知っていないことが原因で難しく感じるのだと分かりました．本書の第Ⅵ章でこの違いを詳しく説明したつもりです．

最近の分子生物学の発展はめざましい限りです．また分子生物学をベースにした遺伝学（分子遺伝学）の知識も医学にどんどん入ってきています．これからの医学・医療関係者はこの方面の知識が不可欠になるのでしょう．特に従来の診断学はこの10年のうちに大きく変わると思います．第Ⅳ章と第Ⅹ章で，診断に必要な分子遺伝学の基礎的な知識を解説しました．

医学の最終目標は病気を根絶することにあると思います．そのために，疾患の原因・診断法・治療法・予防法などを研究してきた訳です．遺伝医学も例外ではありませんが，ただ遺伝性疾患の大半は治療が困難です．将来は明るい希望がもてますが，重症な遺伝性疾患に対してはいまだ遺伝相談と出生前診断を主体にした予防に全力をおいている現状です．これを第Ⅺ章で解説しました．

どの学問でもそうですが，いわゆる専門用語というものがあります．専門用語は，ある定義に基づいた現象を正確にまた端的に言い表すために必要なものですが，往々にして難解な印象を受けがちです．本書では最小限必要な用語を本文中，または欄外で説明しました．また，巻末にも用語解説としてまとめてあります．

この本では，遺伝病を診たときにどうしても知っておくべき遺伝学の知識だけに限って解説しました．ですから，より深く知りたい読者にとっては満足のいくものではないだろうと思います．特に，遺伝生化学の解説は不十分ですし，免疫遺伝学，体細胞遺伝学や放射線遺伝学などは割愛しました．本書は，従って，遺伝医学の入門書として使っていただけたら幸いに思います．

最後に，本書の出版にあたっては南江堂の西出　勇さんと山口晴美さんにひとかたならぬお世話になりましたことを，感謝の意を込めてここに記します．

1990年3月

著　者

目　次

I 遺伝学とは？

遺伝学とは，生物の種間，種内集団間，あるいは個体間の差異や多様性を研究する学問分野です．この差異や多様性を決定しているのは主として**遺伝子**です．遺伝子の働きは最終的には個体の形態と機能として現れます．人間をとりまく環境は遺伝子の働きを変更させることがあります．したがって遺伝学は，遺伝子そのものの性質・働きを扱うと同時に，遺伝子の働き（**遺伝子発現**）と環境による変更によって現れた性質の特徴（**遺伝形質**あるいは**表現型**）をも大きな研究対象とします．

遺伝学の理論的基盤は，①遺伝形質の伝達様式・法則である**メンデルの遺伝法則**，②ダーウィンの**進化論**，および，③ワトソン・クリックのDNA二重らせんモデルから発展した**セントラルドグマ（中心教義）**の3つの原理から成り立っています．これらの科学原理は個々に発見されましたが，その後互いに影響し合い，さらなる発展を遂げ，3つは合流し，**分子遺伝学**となって現在に至っています（図1）．とりわけ近年の分子生物学の発展は機械論的生命観を生み出し，ほとんどの生物の営みは遺伝子発現の結果であると考えられています．つまり，われわれの身体の細胞・組織・器官の形態やその機能は，受精卵にプログラムされた遺伝子の働きによるという考えです．いわば遺伝学は生物学の基本公理となったわけです．医学は生物学の一応用分野であり，疾患も外傷を除いてほとんどすべてその発症

遺伝子　ヒト分子生物学における狭義の遺伝子は，主に1つのタンパクや，機能するRNAに対応する情報を含むDNA分子上の特定の領域で，プロモーター領域（転写開始付近のDNA配列）から，ポリアデニレーションシグナル（連続するアデニンをmRNAの末端に付加させるためのシグナルとなるDNA配列）のさらに下流を含む，または転写される最後のエクソン領域までを，1つの遺伝子と規定している．

遺伝子発現　ある遺伝子のDNAが転写されmRNAがつくられ，mRNAが翻訳され，タンパクとなって機能を発揮すること．単に転写物（mRNA）がつくられることにも用いる．

遺伝形質　遺伝子が発現した結果，個体・組織・細胞に現れる形態的・機能的特徴．

表現型　アレルの組合わせ（遺伝型）によって現れる形態・機能的特徴．

セントラルドグマ（中心教義）　☞26頁

分子遺伝学・分子生物学　遺伝学や生命現象の原理・法則をタンパクやDNAなどの分子のレベルでとらえる学問分野．

メンデル
(1822–1884)

ダーウィン
(1809–1882)

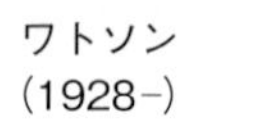

ワトソン
(1928–)

クリック
(1916–2004)

遺伝法則とその後の発展		進化論とその影響		セントラルドグマへの発展	
		1859	ダーウィン「種の起源」出版		
1865	メンデル「植物雑種に関する研究」発表				
		1869	優生学（ゴールトン）	1869	DNA の発見（ミーシャー）
1882	染色体の発見（ストラスブルガー, フレミング）				
					生化学の発達
1900	メンデルの法則再発見と優性・分離・独立の 3 法則確立（ドフリースら）	1901	突然変異説（ドフリース）	1902	アルカプトン尿症発見
1902	遺伝子の染色体局在説（モーガン）				遺伝子粒子説
1903	ヒトのメンデル形質発見				
1906-1912	遺伝第 4 法則（交叉）と第 5 法則（連鎖）発見（モーガン）				
1908	ハーディ・ワインベルクの法則（ハーディ, ワインベルク）				
1913	最初の染色体地図				
1927	X 線による突然変異誘発（マラー）				
		1930-1940	ネオ・ダーウィニズム	1934	核酸の染色体局在
		1930年代	集団遺伝学創始（フィッシャーら）	1930年代	バクテリオファージ複製研究と分子生物学の創始（デルブリュック）
	遺伝病の概念確立			1941	1 遺伝子 1 酵素説（ビードル）
				1944	DNA による形質転換（アベリー）
				1944	シュレーディンガーの「生命とは何か」出版
				1949	ヘモグロビン異常タンパク変異発見（ポーリング）

図 1　遺伝法則・進化論・セントラルドグマの

遺伝法則とその後の発展		進化論とその影響	
1956	ヒト染色体数決定（チョーとレバン）		
1959	染色体異常症の発見（ルジュンヌ）		
1969	ヒト染色体分染法開発（カスパーソン）		
1969	ヒト遺伝子地図作製開始（ラドル）	1968	分子進化の中立説（木村）
	ヒト遺伝子地図作製		
	ヒト遺伝病の DNA 診断		
1990	遺伝子治療開始		
2002	国際 HapMap 計画開始		DNAマーカーによる人類の移動・定住経路の同定
2005	GWAS による疾患感受性遺伝子の初めての報告		
	多因子病の大規模集団のコホート調査開始		民族・地域集団特異的な遺伝マーカー・ハプロタイプの同定

セントラルドグマへの発展	
1950	DNA 塩基の相補性発見（シャルガフ）
1952	DNA 複製説
1953	タンパク（インスリン）の 1 次構造決定（サンガー）
1953	DNA 二重らせん構造モデル（ワトソンとクリック）
1957	DNA の半保存的複製の証明
1961	mRNA の発見（カーランドとワトソン）
1961	人工 mRNA によるポリペプチド合成（ニレンバーグ）
1961	DNA/RNA ハイブリダイゼーション（ホール）
	トリプレット説とセントラルドグマ（クリック）
1965	コドン表完成（ニレンバーグとオチョア）
1970	制限酵素の発見（スミス）
1970	逆転写酵素の発見（ボルチモアとテミン）
1973	組換え DNA 技術開発（バーグとコーエン）
1975	DNA 塩基配列決定法確立（マクサムとギルバート）
1978	遺伝子ライブラリーと遺伝子クローニング技術開発（マニアティス）
1980	FISH 法の開発
1985	PCR 法の開発（マリス）
1986	逆行遺伝学技術開発 PCR 法の開発（クンケル）
1990	ヒトゲノム計画開始
1995	DNA マイクロアレイの開発
1998	RNA 干渉（RNAi）の発見
2003	ヒトゲノム塩基配列解読完了
2010年代	次世代シーケンサー（NGS）の開発
2010年代	ゲノム編集技術の発達

3 大原理を基盤とする遺伝医学の歴史

に遺伝子が関与していると考えられますから，ヒトの遺伝学を知らずして医療に携わることはできないともいえます．

A. 遺伝医学の小史

生物における遺伝という現象は，昔から育種や種苗業者の間では経験的に知られていました．特に家畜の改良は遺伝を知らなければできません．これを法則として示したのがメンデル(1865)でした(図1)．メンデルはモラビア(現在のチェコ共和国)の修道僧でしたが，ダーウィンの進化論(1859)を知っていたふしがあります(15頁コラム**1**参照)．ちょうどそのころ，スイスのミーシャー(1869)はDNAを発見しています(15頁コラム**2**参照)．メンデルの法則は1900年に再発見され，細胞学と遺伝学を結びつけるきっかけになりました．その数年後には法則に合致する常染色体優性遺伝病と常染色体劣性遺伝病がヒトでも発見されました(15頁コラム**3**参照)．つまり植物で発見された法則がヒトにも当てはまることが証明されたのです．言い換えますと，遺伝という現象は，生物の種を越えて基本的に同じであることを示したわけです．このことは進化論にとっては有利なことでした．

遺伝現象について，ショウジョウバエを研究材料として，さらに系統的に研究したのが20世紀初頭に活躍した米国のモーガンのグループです．彼らは遺伝子が染色体に配列していること，また，**染色体交叉**と**遺伝子組換え**(Ⅲ-A参照)，および**連鎖**現象(Ⅶ-H参照)を発見し，遺伝子は染色体上にある粒子状の物質であるという説を提唱しました．モーガンの弟子マラーはX線照射によって**突然変異**を直接証明しました．また，英国のハーディとドイツのワインベルクは，それぞれ独立に遺伝子頻度不変の法

染色体交叉と遺伝子組換え 配偶子形成過程に行われる第1減数分裂の接合期には相同染色体同士が接合し，染色分体間で交叉し，遺伝子を組み換える．

連鎖 遺伝子は染色体DNA上に配列している．いま，ある2つの遺伝子に関していつでも2つの遺伝子がともに上位世代から下位へ伝達されるとき，連鎖しているという．これは，遺伝子がともに同一の染色体に存在し，かつその間で染色体交叉による遺伝子組換えがないことを意味する．

突然変異 DNAの塩基が変化し，野生型と異なるものになること．

則（ハーディ・ワインベルクの法則，Ⅵ-C 参照）を提唱しました．この法則は現在でも**集団遺伝学**や分子進化を考えるうえでの基礎理論となっています．続いてフィッシャー，ホールデンおよびライトらによって数学的基盤をもった集団遺伝学が創始されました．統計学はギャンブルでの賭け率の計算から始まったといわれていますが，もう1つの始祖は人口問題に由来する将来の社会構造を予測するための集団遺伝学でした．特にフィッシャーは，メンデル遺伝だけでは説明困難な「遺伝的形質の連続性」の説明において，多数の因子による遺伝型の値と環境因子の値の和で説明するポリジーンモデルを提唱しました．このモデルによって，**悉無形質**（しつむ）の説明しかできなかったメンデル遺伝の理論に基づいて，**連続形質**の説明も可能となりました．そこで，**進化論における総合説**と呼ばれる重要な学説が成立していくことになります．

生化学の発展で，ヒトを含めた生物個体の化学的分析がさかんに行われ，また，実験モデルとして微生物が遺伝の研究に用いられるようになり，ビードルはアカパンカビの物質代謝過程を研究して，「1つの遺伝子が1つの酵素を支配している」ことを見い出しました．ヒトでもメンデル遺伝に従う多数の先天性代謝異常が発見され，これが契機となって**遺伝病**という概念が医学の中に生まれました．

ミーシャーから連なる遺伝子の本態はDNAであるという発見は思わぬ方向から発展してきました．分子生物学の創始者は理論物理学者達でした．1920年代に，若き量子物理学者であったドイツのデルブリュックは遺伝子の物理学的性質についての予想を論文の形で著しました．次いで，量子物理学に多大な貢献をし，ノーベル物理学賞を受賞した2人の物理学者，ボーアとシュレーディンガーは，それぞれ「光と生命」と「生命とは何か？　生物の物理的解釈」を著し，生命現象は物理化学的に説明できるとした

集団遺伝学　日本人全体のような大きな集団における遺伝子の頻度や突然変異，多型などを研究する分野．

悉無形質　形，色，タイプなど，ありなしで表される離散的な形質．

連続形質　体重，身長や血圧など，集団では連続した数値などで表される形質．一般的に正規分布する．

進化論における総合説　集団遺伝学，分子生物学など様々な分野から進化を統合的にとらえようとする考え方．

遺伝病　発症に遺伝子変異が関与する疾患の総称．

生命機械論が芽生えました．デルブリュックは1937年に米国へ渡り，生物学へ転向し，バクテリオファージの遺伝学的研究を始めました．彼の仲間はファージグループと呼ばれ，分子生物学の基礎をつくった人達です．その後，この研究分野の発展はすさまじい限りです．ワトソンとクリックのDNAの**二重らせんモデル**の発見(1953)はその中でも特筆すべき業績で，生物学・遺伝学においては物理学の相対性原理にも匹敵するものです．この二重らせんモデルから導かれた**セントラルドグマ**(II-D参照)は，現在の遺伝学の公理となっています．それゆえ，これを期して1953年を生物学元年と呼ぶこともあります．生物学や遺伝学は，この分子生物学的原理をもって真の科学になったといっても言い過ぎではないでしょう．つまり，遺伝子を実体として試験管内で扱うことが可能となり，一種の概念であった遺伝子突然変異も塩基配列の異常として同定されるようになったのです．

遺伝医学を今日の発展に導いたのは，主として1950年代に始まった臨床**細胞遺伝学**，1960年代からの**体細胞遺伝学**と**生化学遺伝学**，および1970年代からの**分子遺伝学**の4つだとされます．1956年にヒト染色体数が確定され，性染色体構成がXX-XY型だと判明しました．次いで，ダウン症候群やクラインフェルター症候群，ターナー症候群などが染色体の異常によることが明らかになりました．また羊水中の浮遊細胞を培養することによって胎児の染色体分析が可能となり，1970年代には各種の**分染法**(III-A参照)が開発され染色体同定が確実にできるようになりました．一方，**先天性代謝異常**の酵素欠損症が明らかになり，染色体異常症とともに先天性代謝異常の出生前診断を可能にしました．2003年にはヒトゲノムのほぼ全配列が解明(**ヒトゲノム計画**，VII-K参照)され，疾病の診断(遺伝子診断)や予防などに応用されています．一方，遺伝子発現調

二重らせんモデル　ワトソンとクリックが提唱したDNAの構造モデル．

細胞遺伝学　染色体の遺伝学．

体細胞遺伝学　主として，体細胞同士の融合による遺伝形質の変化を研究する遺伝学の分野．

生化学遺伝学　生化学的手法で遺伝現象を研究する分野．

分染法　各染色体に特有の縞模様(バンド)を出現させ，染色体を同定する手法．

先天性代謝異常　主として酵素欠損によって代謝経路が先天的に障害され発症する疾患の総称．

ヒトゲノム計画　ヒトゲノム中の全塩基配列と全遺伝子を明らかにする国際的研究プロジェクト．

RNAワールド　太古の昔，DNAより先に地球上に存在したRNAのみの世界があったとする生命の起源説．RNAは触媒(酵素活性)機能や逆転写(遺伝情報)機能をもつことから，それまでの「核酸の合成にはタンパクが必要で，タンパク合成には核酸が必要」のようなパラドックスが解決された．つまり，RNAワールドからDNAワールドへ発展して現在に至っているとする．

制限酵素　ある決まったDNA塩基配列(認識部位)でDNA二本鎖を切断する酵素．

節におけるRNAの大きな役割が明らかにされ，新たなRNAワールド(Ⅱ-E参照)ともいうべき新しい遺伝学の世界に入りつつあります．

分子遺伝学における技術革新が遺伝医学にも次々に導入され，遺伝医学に直接関係する特筆すべき技術は，制限酵素および逆転写酵素の発見(1970)，組換えDNA(1973)と遺伝子クローニング法(1978)の確立，ポリメラーゼ連鎖反応(PCR)の発明(1985)，DNAマイクロアレイの開発(1995)，RNA干渉(RNAi)の発見(1998)，次世代シーケンシング(大規模DNA並列塩基配列決定法)の開発(2005)などがあげられます．これらの結果，遺伝病の診断をDNAのレベルで行うようになり，遺伝子治療(Ⅸ-F参照)や患者個々人に適合した個別化医療(オーダーメード医療)(Ⅸ-D参照)，高精度医療(プレシジョン・メディシン)へ進んでいます．遺伝法則・進化論・分子生物学は，それぞれ独立して発展してきたようにみえますが，実際には互いに影響し合ってきたのです．いまはそれらが合体しつつあります．ヒトの遺伝現象がすべて分子レベルで解明され，生命現象のすべてが科学的に説明できる日がくるのはそう遠くないでしょう．また，このことが医学に与える影響は計り知れないほど大きいと予想されます．

B. 遺伝医学の特性

遺伝学は本来実験科学です．多くの交配実験を行い，得られる個体の観察・解析によりある結論を得るわけです．この意味ではヒトは遺伝学的に不利な種であり，以下のような制約があります(表1)．

(1)計画性のある交配は倫理的にも技術的にも行うことができません．なぜならヒトの交配は自由交配ではなく，相手を選んで結婚する選択交配だからです．一部の例外

逆転写酵素　RNAの塩基配列をもとにDNAを合成する酵素．転写の逆なので逆転写と呼ぶ．

遺伝子クローニング　1個の遺伝子(または1個のDNA断片)と同じものを多数作製する分子生物学的技術．

ポリメラーゼ連鎖反応(PCR)　☞112頁

DNAマイクロアレイ　☞117頁

次世代シーケンシング(大規模DNA並列塩基配列決定法)　☞118頁

遺伝子治療　正常遺伝子の細胞核への導入，または変異遺伝子との置き換えで遺伝病を治療する方法．

オーダーメード(テーラーメード)医療　患者個々人の体質や病気の状態に合わせて薬の種類や用量を変えるなど，1人ひとりに適合した医療のことで，病名が同じであれば，どの患者に対しても治療法が画一的であった従来の医療(レディメード医療)に対応した言葉．ちなみに，オーダーメードは和製英語らしい．

高精度医療(プレシジョン・メディシン)　2015年に第44代米国大統領のバラク・オバマが提唱したことでよく知られるようになった．個人の遺伝情報と最先端技術による分子レベルの解析結果に基づいて，最適な治療法や予防法を実施する医療．がんの治療ではすでに広く行われている．

選択交配　相手を選んで交配すること．

表1　ヒト遺伝学の制約と利点

制約	利点
①実験的交配は不可能	①正常・病的形質がよく観察されている
②1世代が長い	②戸籍や家系図が利用できる
③子どもの数が少ない	③特異な形質は学術論文として報告される
④優性致死個体の観察機会が少ない	④特有の一卵性双生児が存在する
	⑤病的形質をもつ個体の子孫の観察が可能

を除いて，同一の病的形質をもつ人同士の結婚はありません．

(2) 1世代は長く，1人の研究者が直接観察できる世代数はせいぜい4世代でしょう．

(3) 子どもの数も少なく，特に近年はそうです．

(4) ヒトの変異遺伝子の多くは優性**致死効果**(流死産など)を示すため，これらの個体を直接観察できないこともあります．

致死効果　疾患が非常に重篤であるため，出生前，出生直後，または生殖年齢前に死亡すること．

一方，有利な面もあるのです(表1)．

(1) ヒトほどその正常形質や病的形質がよくわかっている生物はありません．つまり医学は長年かかってヒトの形質を研究してきましたし，また形質を観察・解析する医療関係者数も他の遺伝学分野に比べて圧倒的に多いのです．

(2) 直接観察できる世代は少ないのですが，それに代わるものとして戸籍や家系図が利用できます．

(3) 特殊でまれな遺伝形質が存在したときは，医学会や論文で報告されます．したがって，過去に報告された家系を集めることは，あたかも特殊形質に関するシミュレーション的交配実験となります．

(4) ヒトには一卵性双生児が存在します．一卵性双生児はその遺伝子構成が同一のクローン個体であり，育成された環境もほぼ一致します．二卵性双生児の環境は一卵性双生児と大差ありませんが遺伝子構成は異なっています．したがって，ある遺伝形質に関して一卵性双生児と二卵性双生児の間でみられる現象に違いがあれば，それは遺伝的要因の差によることがわかるのです．

(5) 医療の発達で，病的形質をもつ個体も生存に不利ではなくなり，本来生殖適応度が低い個体の子孫の観察も可能となりつつあります．

C. 遺伝医学の役割

遺伝学の原理は，植物・動物を問わずすべての生物において成り立つので，医学・生物学においては，いわば物理・化学における数学・公理のような役割を果たしています．先に述べましたように，遺伝学は本来「個体差・多様性を明らかにする学問」です．この差異を決定しているのは主として遺伝子です．遺伝学は遺伝子そのものの性質・機能や**アレル（対立遺伝子）**（Ⅳ－A 参照）の組合せである**遺伝（子）型**を研究すると同時に，遺伝子の働きによって現れた遺伝形質や表現型を，そして遺伝型がどのようにして表現型として現れるのかというメカニズムも研究対象とします．

遺伝学には扱う対象に応じて種々の分野がありますが，そのうち特に病的形質（遺伝性疾患）を扱い，医学における疾患の原因解明や診断・治療・予防などを研究するのが**遺伝医学**の分野です．言い換えますと，遺伝医学は遺伝病の発症メカニズムの理解やその予防に必要な知識を与える医学の分野であり，従来の形態病理学的説明に付け加える性質のものなのです．**臨床遺伝学**は遺伝医学の一部で，主としてその知識をもとに応用実践する分野で**薬理遺伝学**（Ⅸ－D 参照）や**遺伝カウンセリング**（Ⅸ－E 参照）も含みます．

また，遺伝医学は，もうすでに臨床の現場では大きな役割を担っています．がん患者の予後や詳細な分類に遺伝子

アレル 相同染色体上に存在する1対の（DNA 断片または）遺伝子の片方．両方のアレルを合わせて1つの遺伝子という．従来は対立遺伝子という言葉が使われていた．

遺伝型 1個体または1細胞中のアレルの組合せのタイプ．遺伝子型とも呼ばれる．

遺伝医学 遺伝性疾患の診断，治療，遺伝カウンセリングなどを行う医療分野．

薬理遺伝学 薬剤の効果・副作用などを遺伝学的観点から研究する分野．同様にゲノムの見地から薬理作用を研究する分野をゲノム薬理学（ファーマコゲノミクス）という．

遺伝カウンセリング 遺伝病や遺伝形質に関するカウンセリング．

解析が導入されています．患者のもつ変異の種類に合った治療を選択するというプレシジョン・メディシンは，すでに多くのがんで行われています．また，メンデル遺伝病などのまれな疾患に対する治療薬の開発が大手の製薬企業でも進められています．現在の臨床においても希少疾病用医薬品(オーファンドラッグ)(15 頁コラム 4 参照)として，様々な希少疾患に対する治療薬や症状を改善する薬が欧米では認可されつつあります．このような日々進歩する遺伝医学の世界では，医療関係者だけでなく，医療を受ける市民自身も少なくともある程度の遺伝の基礎知識をもっている必要があると思います．欧米では早くからヒト遺伝性疾患を例として遺伝学教育が行われていて，WHO ガイドラインでも小学生からの遺伝学教育を勧告しています．

D. 遺伝性疾患の分類

発症に遺伝子がかかわっている疾患を総称して遺伝性疾患と呼び，表 2 のように分類されます．

a. 単一遺伝子病(メンデル遺伝病)

単一遺伝子病 1 つの遺伝子の変異によって発症する疾患の総称．

1 個の遺伝子の変異が原因で起こる疾患です．原因となる遺伝子が存在する染色体と個体レベルにおける形質発現様式の違いを組み合わせると常染色体優性遺伝，常染色体劣性遺伝，X 連鎖優性遺伝，X 連鎖劣性遺伝，および Y

表 2 遺伝性疾患の種類

- 単一遺伝子病 (メンデル遺伝病)
- ミトコンドリア遺伝病
- 多因子疾患
- 染色体異常症
- ゲノム病
- エピジェネティック機構による疾患

連鎖遺伝の5種に分類されます［最近，遺伝用語として優生を顕性，劣性を潜性(不顕性)へと変更を検討する動きがあります］．単一遺伝子とは1対のアレルの意味です．単一遺伝子遺伝によって伝えられる遺伝形質をメンデル形質といいます．遺伝医学で扱うメンデル形質は，原則的に離散的な**悉無**(あるかないか)**形質**で非連続性です．

悉無形質 ☞5頁

b. ミトコンドリア遺伝病

ミトコンドリアに存在する遺伝子は核外遺伝子と呼ばれ，その変異による疾患はメンデル遺伝形式には従いません(非メンデル遺伝)．ミトコンドリアはほぼすべて母由来ですから，ミトコンドリア遺伝病もすべて**母系遺伝**です．

ミトコンドリア遺伝病 ミトコンドリアDNAに存在する遺伝子の変異によって発症する遺伝病．

母系遺伝 母→子どもへと伝達される遺伝形式．父からは遺伝しない．

c. 多因子疾患

複数の遺伝子(遺伝要因)および環境要因の相互作用で起こる疾患の総称です．多因子疾患は多遺伝子遺伝病とほぼ同義で，さらに2種に分けて考えることができます．1つは低身長・精神遅滞・高血圧などのように，背景に正規分布する身長・知能・血圧といった**連続形質**(**量的形質**，Ⅵ-F参照)があり，一定の尺度をもって(一般に標準偏差値の2倍以下または以上)低いものまたは高いものを病的とします．すなわち身長・知能・血圧が欠如するものはなく，連続形質のうち病的なものを指します．生活習慣病の大半は病的な連続形質です．他方，悉無形質の中にも多因子疾患によるものがあり，口蓋裂や自閉症のように罹患か非罹患の不連続なものです．

多因子疾患 多数の遺伝子と環境要因の相互作用で発症する疾患．

d. 染色体異常症

染色体の数的および構造の異常で生じる疾患の総称です(Ⅲ-C参照)．染色体は遺伝子の担体であり，1本の染色体には数百～数千の遺伝子が存在します．したがって，微細な染色体の異常でも多数の遺伝子の増減を伴うのです．微細な染色体欠失や重複によって，隣接した複数の遺伝子発現が異常になり，結果として複数の遺伝病を合併した一定の疾患単位となるとき，**隣接遺伝子症候群**と呼びます．

隣接遺伝子症候群　染色体上のある領域に隣接して存在する遺伝子群の変異によって発症し，一定の症状を示す疾患．

e. ゲノム病

ある共通の機構によって，一定のゲノム領域が欠失や重複することで起こる疾患です．通常，体細胞は2倍体なのでゲノムDNAは2コピーですが，欠失によって1コピーとなり，重複は3コピーとなりますから，これらを総称してゲノムコピー数の異常といいます．多くの場合，欠失・重複領域の両側にはローコピーリピート(LCR)と呼ばれる特殊な反復配列が存在し，染色体対合のとき誤って交叉するために生じます(Ⅲ-B参照)．隣接遺伝子症候群の発症機序は，LCRということが多くあります．

f. エピジェネティック疾患

DNA塩基のメチル化やクロマチンの構成要素であるヒストンタンパクのメチル化・アセチル化などの化学修飾，つまりDNA塩基配列以外の変化(エピジェネティックな変化)によって遺伝子発現が変更される場合があります．これを**エピジェネティック修飾**と呼び，それが原因で起こる疾患を**エピジェネティック疾患**といいます．エピジェネティック修飾が遺伝子変異と異なるのは，遺伝子変異がいったん生じたらもとに戻らない不可逆的変化であるのに対して，1世代限りの可逆的変化であることです．エピジェネティック疾患は**ゲノム刷り込み(インプリンティング**，Ⅴ-B参照)が原因の1つです．

エピジェネティック修飾　DNA塩基配列以外の変化が直接，遺伝子発現を変更させること．たとえばプロモーター領域のシトシンにメチル基が付加されるメチル化は転写を抑制し，結果として遺伝子発現が低下する．

ゲノム刷り込み　☞93頁

E. 家系図のとりかた

遺伝性疾患を診断したり，その遺伝予後をもとに診療方針を決めたり，さらに遺伝カウンセリングを行う際にも詳細で正確な家系図はなくてはならないものです．不十分な家系図は誤った遺伝的情報を与えかねません．家系図の記載方法には一定のルールがあります．一般的に用いられている記号の一部を図2に示します．家系図を記載するときのコツを以下に述べます．

(1) 家系図は個人情報に配慮しつつ，遺伝医学的見地から必須であることをよく説明したうえで記載します．血縁者やその配偶者，遠縁の血縁関係者の聞き出しには，まず姓名と居住地などを聞いておきます．そうすれば，次にその血縁者について聞くときにはクライエントはすぐに思い出すでしょう．

(2) いま問題にしている遺伝性疾患に関係ある事項のみならず，関係ないと思われてもできるだけ情報を詳細に集めます．ヒトでは，同一の遺伝病に罹患しているにもかかわらず，個体によって差異がみられることが多いので，罹患者・非罹患者についての確実な情報収集が必要です．

(3) 流産，死産，新生児期あるいは乳児期などに死亡した個体についての情報は非常に重要です．

(4) 最初からきれいな家系図を描こうと思わないことです．ラフなものでもよいのです．後で清書すればよいからです．清書の際に姓名や住所など個人情報を抹消するのは当然のことです．

クライエント　☞160頁

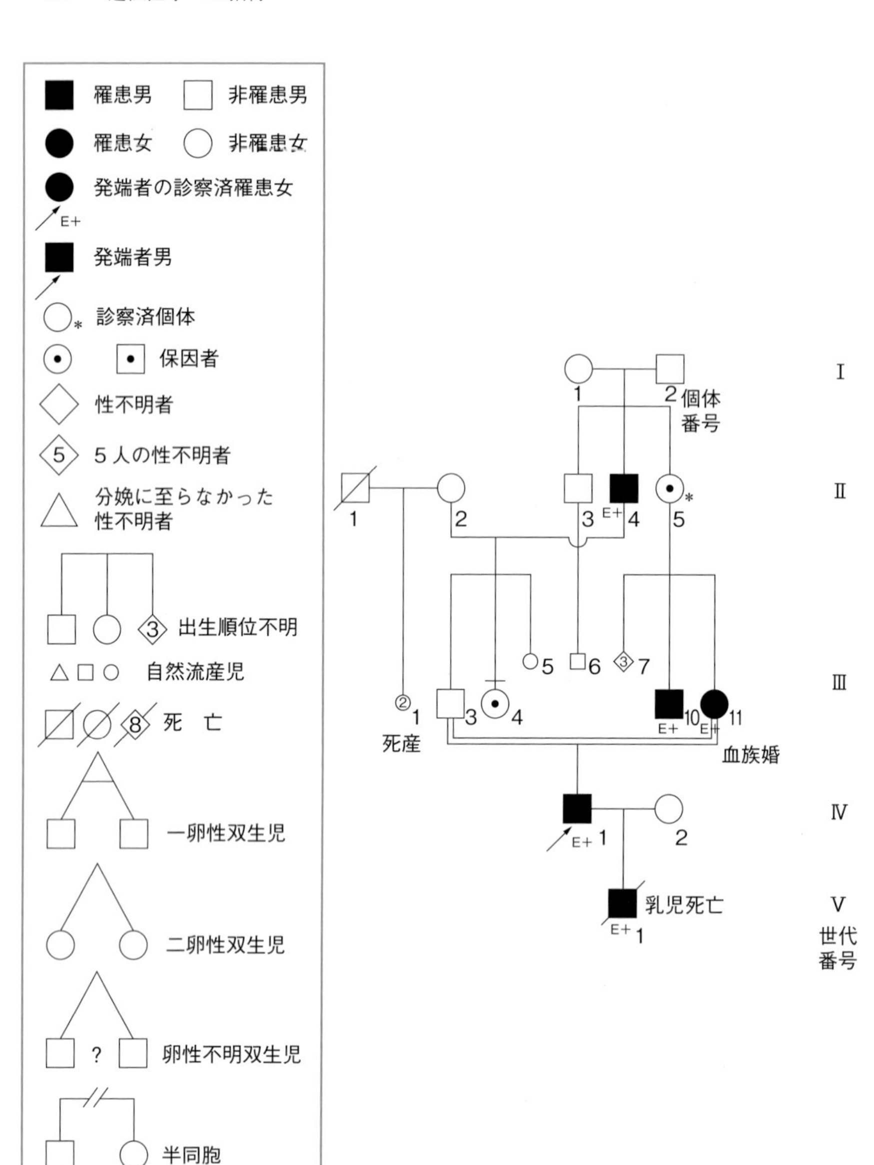

罹患男
非罹患男
罹患女
非罹患女
発端者の診察済罹患女
E+
発端者男
診察済個体
保因者
性不明者
5人の性不明者
分娩に至らなかった性不明者
出生順位不明
自然流産児
死　亡
一卵性双生児
二卵性双生児
卵性不明双生児
半同胞
不妊の夫婦
個体番号
死産
血族婚
乳児死亡
世代番号
Ⅰ
Ⅱ
Ⅲ
Ⅳ
Ⅴ

図2　家系図記載法の例

コラム1　メンデルは知っていた？

メンデルはエンドウ豆の膨大な交配実験を行い，優性形質の分離（分離比）を得ましたが，それは後年，集団遺伝学者フィッシャーが指摘したように，分離の法則の期待値に限りなく近く，統計学的にはほとんど起きえないような結果でした．また，観察に用いた種子の形や子葉の色などの7種の形質は優劣関係が明白なものばかりでした．このことから，メンデルは予備実験で分離の法則性をすでに認知していて，また連鎖が起こらないように独立形質を選択したのだろうと推測されています．

コラム2　ミーシャーの予言？

まったくの偶然でしょうが，ミーシャーがDNAという分子を発見した100年後に「核酸」と「遺伝現象・遺伝子」が結びつく（現在では遺伝子＝DNAということがわかっている）なんて歴史は面白いとは思いませんか．しかもミーシャーは叔父に宛てた手紙に「この分子（DNA）が遺伝の大量の通信文（遺伝情報を予知していたのか？）である可能性がある」と書いていますから驚きです．ちなみにこの叔父さんはヒス筋束（心筋の1つ）の発見者である解剖学者ウィリヘルム・ヒスです．

コラム3　ヒトの最初のメンデル形質とその後

メンデルの遺伝法則の再発見から2年後には，アルカプトン尿症（ギャロッド，1902）が劣性遺伝に，3年後には米国から短指症（ファラビー，1903）が優性遺伝に合致することが報告されました．ちなみに，アルカプトン尿症の原因遺伝子（ホモゲンチジン酸酸化酵素遺伝子，*HGD*）は1996年に，短指症A1型の原因遺伝子は中国で2001年にやっと単離されました．ヒトで初めての遺伝形質の発見からほぼ100年後のことです．

コラム4　希少疾病用医薬品（オーファンドラッグ）

ほとんどの染色体異常や遺伝子異常による先天異常には根治的な治療法は存在しません．しかし，生活の質の向上と余命延長を目的とした治療薬が，欧米では多数開発されています．このような製薬は，Orphanet Reportとしてwebページに公開されています．このリストには，がん疾患ばかりでなく，先天性代謝疾患や筋疾患も含まれ，今後多数の新薬が開発されるでしょう．

遺伝子と DNA，RNA

A. 核酸の構造と DNA の複製

核酸は，DNA（デオキシリボ核酸）と RNA（リボ核酸）に大別されます．核酸は，糖，塩基，リン酸の 3 要素で構成される「ヌクレオチド」という構成単位が多数連なり鎖状となった高分子化合物です（図 3）．糖がデオキシリボースの場合を DNA，リボースの場合を RNA といいます．遺伝情報を担うのは塩基で，DNA の場合には，アデニン（A），シトシン（C），グアニン（G），チミン（T）の 4 種類，RNA の場合には，チミンの代わりにウラシル（U）の 4 種類です（図 3）．A と G が化学構造上プリン族，C，T，U がピリミジン族に属します．DNA は，ヌクレオチドの鎖が 2 本向かい合い，それぞれの鎖の塩基が A と T，G と C の間で水素結合によって塩基対合し，二重らせん構造を形成します（図 4）．RNA は基本的には一本鎖で機能していますが，高次構造をとって折れ曲がると A と U，C と G の間で水素結合し，二本鎖を形成することがあります．

デオキシリボースまたはリボースは，5 つの炭素が含まれる五炭糖で，炭素の位置を区別するために 1′ ～5′ まで番号が振られています．特に 5′ と 3′ の区別は重要で，一本鎖の核酸に注目すると，新たなヌクレオチドのリン酸結合は常に **3′ 炭素側にしか結合しません．したがって DNA の新規の複製も，RNA の転写も**化学構造上 **5′ から 3′ への**

塩基 ヌクレオチド単位を構成する要素で，プリン族とピリミジン族に分けられる．塩基の配列が遺伝暗号となる．

塩基対合 DNA では，A と T，C と G が向かい合い水素結合して対を形成すること．RNA では，A と U，C と G が水素結合を形成する．

5′ から 3′ への方向性 ヌクレオチド単位の五炭糖の炭素の位置に従って番号が割り振られる．DNA または RNA の方向性を決定するのに重要な情報である．

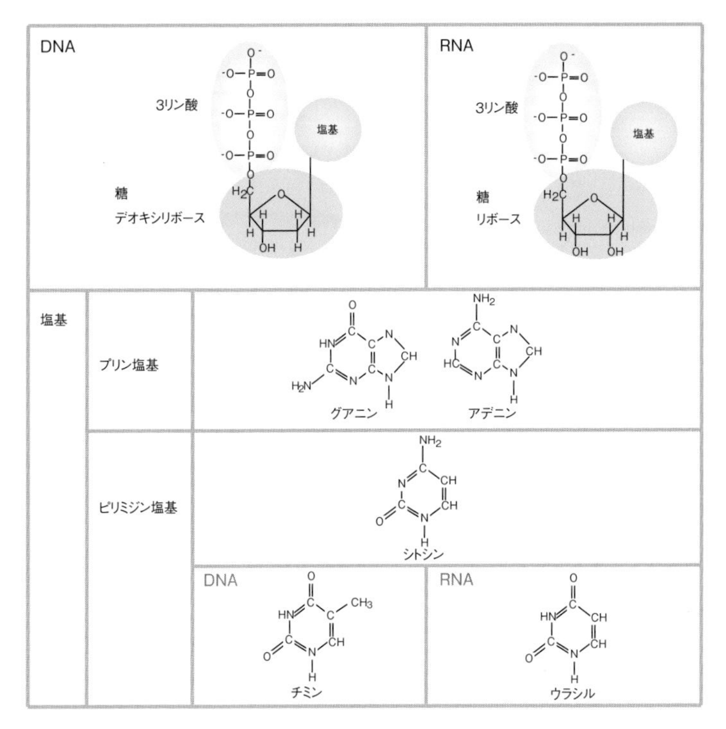

図3　DNAの構造

方向性があります(図4)．さらに，核酸が二本鎖を形成するときに互いの鎖は逆方向に向かい合っています．このDNAや，RNAの5′から3′への方向性は，分子遺伝学研究や遺伝子解析で，非常に重要になってきます．

細胞が2つに分裂するときは，DNAはすでに正確に2つのコピーを複製しています．そのDNAの複製は以下のように進行します．複製前に二本鎖はジッパーがはずれるように解離し(DNAヘリカーゼの作用)，各鎖上の塩基に相補的なヌクレオチドが付加されます(DNAポリメラーゼの作用)．“相補的な”という表現は，AとT，CとGが向かい合っているということです．

核酸の合成・伸長では，上述したように，五炭糖の3′

相補的　核酸が向かい合い水素結合する際の組合せが決まっていることを相補的という．

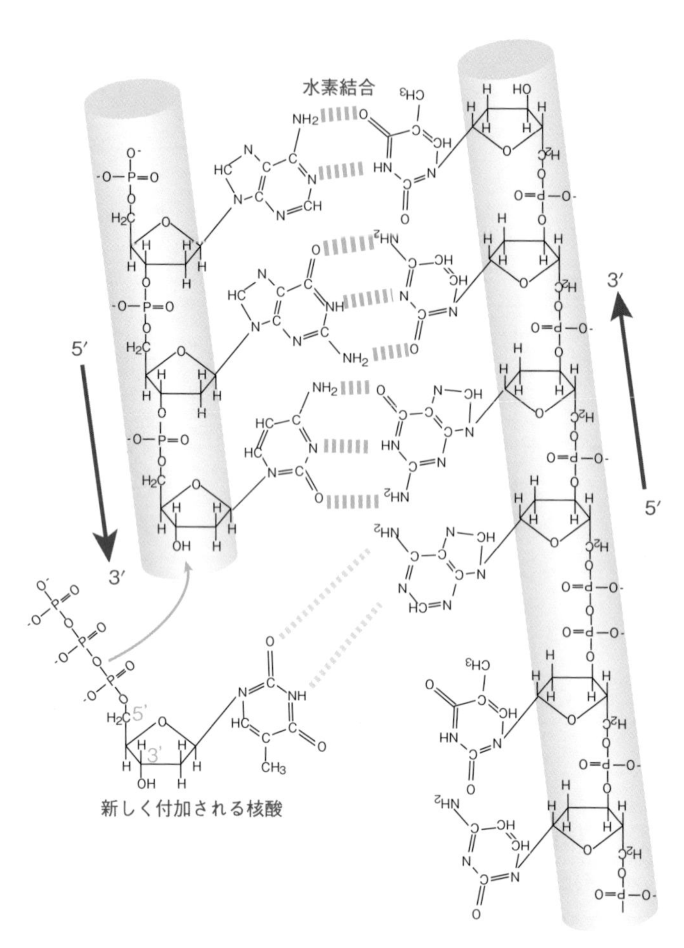

図4　塩基の対合

位の炭素に，リン酸を介して次のヌクレオチドが付加されます(図4)．新たに複製されたDNAは断片的に合成されます．これらの合成されたDNA断片はDNAリガーゼによって結合されます(図5)．このように1分子のDNAが2分子のDNAに複製されますが，どちらの二本鎖も片側の鎖が新しく，片側の鎖は古いコピー元であるので，**半保存的複製**と呼んでいます．複製後には，2つの二本鎖

半保存的複製　複製後のDNA二本鎖のうち，片鎖は親DNAから変化せず，もう片側鎖が複製された鎖として二本鎖になること．

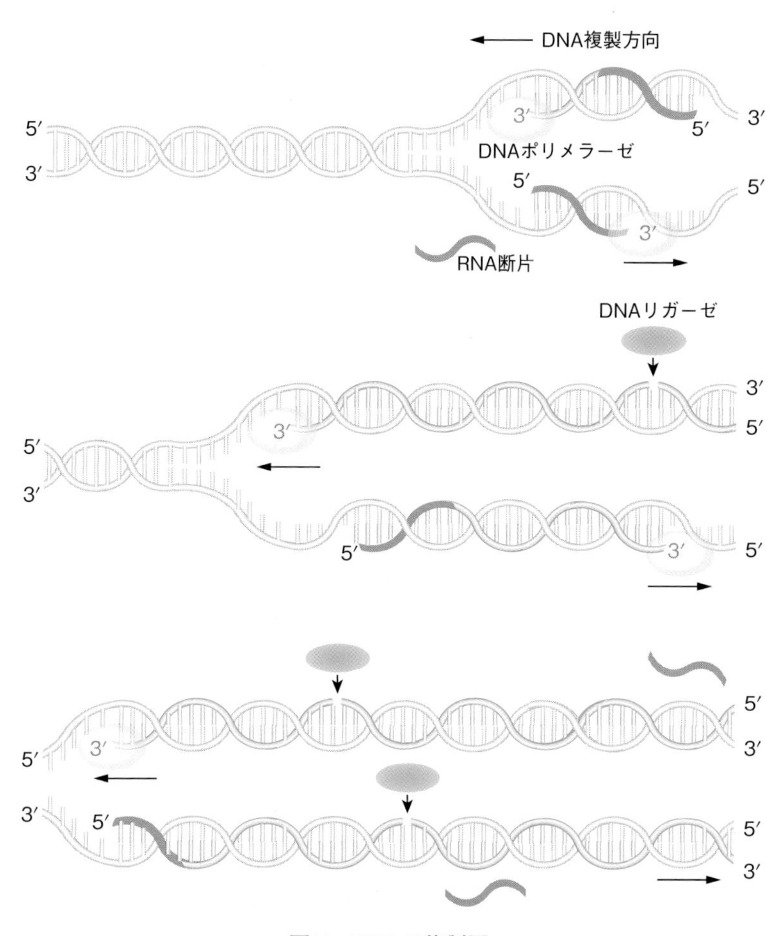

図 5　DNA の複製図

DNA は細胞分裂時に染色分体となって，娘細胞に均等に分配されます．

ゲノム　ある生物種がもつ DNA 塩基配列の最小総量．通常は 1 配偶子中に存在する 1 セットの総塩基配列情報．

核内 DNA　細胞核に含まれる DNA．

ミトコンドリア DNA　ミトコンドリアに含まれる DNA．

B. ヒトのゲノムの構成

　ある生命体中の遺伝情報の最小必須セットをゲノムといい，核内に存在する**核内 DNA** と細胞質中の**ミトコンドリ**

アDNAを含みます．ただし，ミトコンドリアDNAは16,569塩基対(ゲノム全体の20万分の1)しかないので，通常，ゲノムDNAといえば核内DNAのことを指します．具体的には配偶子(精子や卵子)中の総遺伝子も含めたすべてのDNA配列を1セットのゲノムと呼び，ヒトゲノムは約32億塩基対とされます．ヒトの体細胞は2倍体なので，1細胞には2セットのゲノムが含まれています．

DNAの塩基配列は，その特徴によってユニーク配列と反復配列に大別されます．ユニーク配列は，原則的には1ゲノム中に1コピー存在する特異的配列で，遺伝子の大部分はこのクラスに入ります．類似の配列をもつ遺伝子は遺伝子ファミリーと呼ばれます．一方，反復配列は，ゲノムDNA上で同じ配列が反復してみられる配列の総称で，縦列(単純)反復配列と散在性反復配列に区別されます．縦列反復配列には，サテライトDNA，ミニサテライト，マイクロサテライトが含まれ，散在性反復配列には，LINE配列やSINE配列が含まれます．これらの反復配列を合計すると，ヒトゲノムの50％以上を占めていますが，その機能については多くが不明です．ヒトゲノム中の遺伝子領域(エクソンとイントロン)が占める割合は1/4に過ぎません．特にタンパクコード遺伝子の成熟メッセンジャーRNA (mRNA)を構成するエクソン部位の割合は，1.5％といわれています(図6)．つまりヒトゲノムの98％以上はタンパクをコードしていない塩基配列です．

C. 遺伝子の構造

遺伝子の定義は，もっとも単純には1つのタンパクのアミノ酸配列をコードしているDNA分子上の機能単位です．タンパクをコードする遺伝子を構造遺伝子といい，1つの構造遺伝子は数百bp (数百塩基対)〜2 Mb (200万塩

ユニーク配列　ゲノム中に原則として1コピー存在する塩基配列．類似性の状態など，場合によっては類似コピーが存在する場合にもユニーク配列と呼ぶことがある．

反復配列　縦列(単純)反復配列と散在性反復配列に区別される．塩基配列の単位で反復しているDNA塩基配列．

遺伝子ファミリー　塩基配列が類似し，同一の先祖から由来したと考えられる遺伝子群．

縦列(単純)反復配列　その座位に縦列に繰り返している反復配列．

散在性反復配列　ゲノム全体に散在しながら存在する相同性の高い反復配列群．

エクソン　成熟mRNAに残されるDNA塩基配列の部分．

イントロン　スプライシングの過程で取り除かれるDNA塩基配列の部分．

コード　遺伝暗号．コードするといった場合には，タンパクのアミノ酸配列の情報をもっているという意味で用いている．

構造遺伝子　遺伝子は，転写調節因子をコードするものと転写調節因子以外をコードするものに分類され，転写調節因子以外をコードする場合を構造遺伝子と呼ぶ．細胞構造という意味でないことに注意．

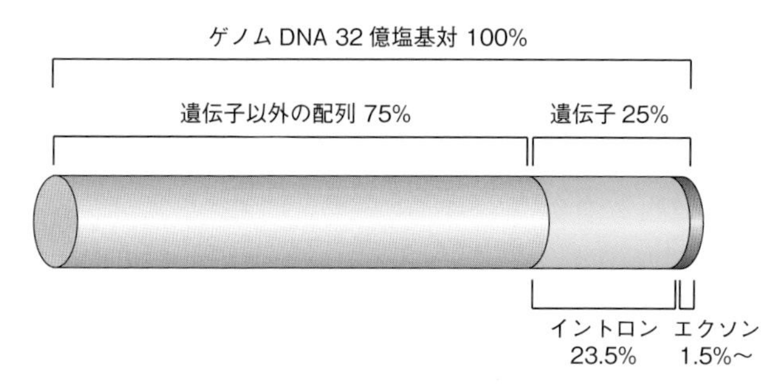

図 6　ヒトの遺伝子がゲノム中に占める割合

基対)の塩基からなります．ヒトのタンパクコード遺伝子の総数は 2 万 2 千個前後と推定され，約 1 千種の遺伝子ファミリーを形成しています．ヒトゲノムには，タンパクをコードしないで RNA に転写されて機能する領域が知られるようになり［ノンコーディング RNA (E．非コード RNA の項参照)］，これも広い意味で遺伝子として分類されることもあります．

遺伝子の DNA 配列情報は RNA に転写され，その後スプライシングなどの修飾を受けて，最終的な成熟 mRNA になります．遺伝子は一般的にエクソン・イントロン構造をもちますが，スプライシングの過程でイントロンは切り出されます(図 7 a)．

スプライシング　一次転写産物からイントロンが取り除かれて，成熟 mRNA に加工される過程．

1 遺伝子内のエクソン数は，1 〜数百個に及びますが平均約 10 個です．塩基 3 個の組を 1 単位と考えて**トリプレット**と呼ぶことがあります．mRNA の翻訳開始点から始まるトリプレットは，アミノ酸を指定する情報をもっていて特別に**コドン**と呼びます．したがって，DNA の塩基配列は，アミノ酸を指定する遺伝暗号(**コード**)なのです．4 種類の塩基でトリプレットを組むと $4^3=64$ 通りのコドンが利用可能です．ヒトがタンパク合成に利用するアミノ酸は 20 種類なので，**縮重現象**がみられます(表 3)．mRNA や DNA の塩基配列を読む場合は，必ず 5′ 側から読みます．

トリプレット　3 個の塩基からなる単位．

コドン　アミノ酸または翻訳開始/終止を規定するトリプレット．

縮重現象　複数のコドンが同一のアミノ酸を指定する現象．

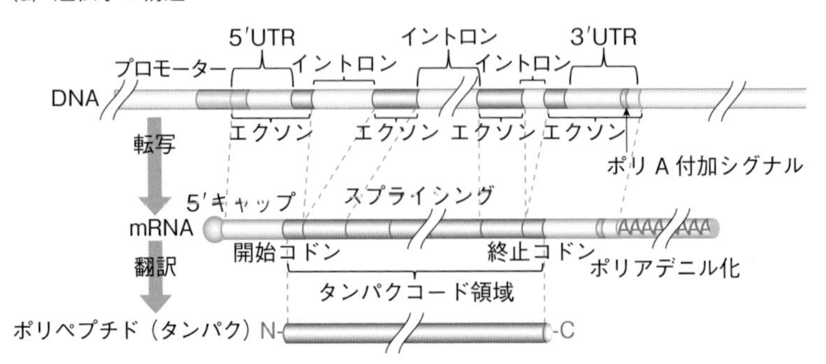

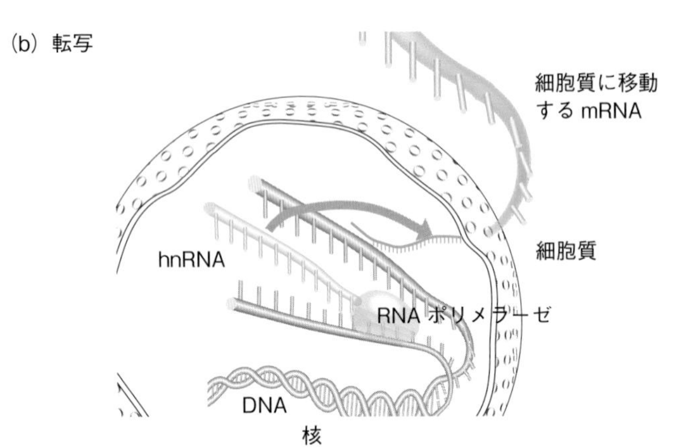

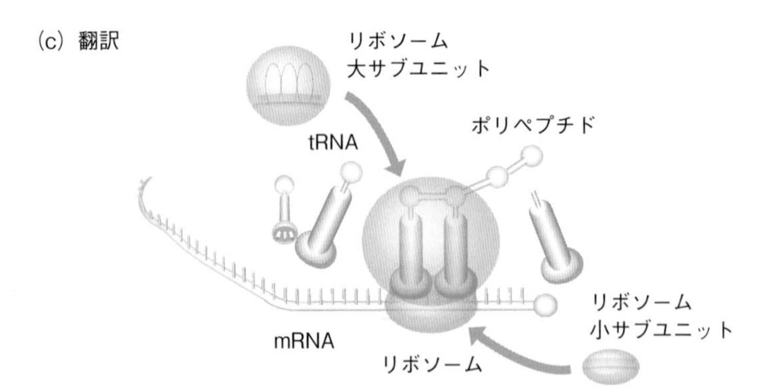

図7　遺伝子の構造(a)と転写(b)・翻訳(c)

5′から読んだときにコドンとして意味をもつからです．表3のコドン表は，mRNAの配列で示されていますが，ときにはDNAの配列で記載されていることもあります．この場合には，ATGとAUGを同じとみなします．DNAは，5′-ATG-3′の鎖の方を**センス鎖**，5′-CAT-3′の方を**アンチセンス鎖**といいます．つまり，センス鎖はRNA転写産物と同じ配列の鎖のことで，アンチセンス鎖は転写する際の鋳型となる鎖のことですから，アンチセンス鎖は**鋳型鎖**と呼ぶこともあります．

遺伝子にはエクソンとイントロンに加えて，上流側(センス鎖の5′側)に**転写**を調節する**プロモーター**が存在し，下流のエクソン内には翻訳を停止させる**終止コドン**やmRNAの成熟に必要な**ポリA付加シグナル**が塩基配列として含まれています(図7a)．

センス鎖 DNA二本鎖のうち，成熟mRNAの配列と同じ塩基配列をもつ片鎖．

アンチセンス鎖 センス鎖の反対鎖．mRNAに転写されるときに鋳型となる鎖．

鋳型鎖 アンチセンス鎖と同じ意味．

転写 DNA塩基配列からRNA配列へ写しとること．

プロモーター 転写開始を調節するDNA塩基配列．通常，第1エクソンの5′側に存在する．

終止コドン 翻訳を止めるコドン．

表3 コドン表

第1塩基↓	第2塩基				第3塩基↓
	U	C	A	G	
U	フェニルアラニン	セリン	チロシン	システイン	U
	フェニルアラニン	セリン	チロシン	システイン	C
	ロイシン	セリン	終止コドン	終止コドン	A
	ロイシン	セリン	終止コドン	トリプトファン	G
C	ロイシン	プロリン	ヒスチジン	アルギニン	U
	ロイシン	プロリン	ヒスチジン	アルギニン	C
	ロイシン	プロリン	グルタミン	アルギニン	A
	ロイシン	プロリン	グルタミン	アルギニン	G
A	イソロイシン	スレオニン	アスパラギン	セリン	U
	イソロイシン	スレオニン	アスパラギン	セリン	C
	イソロイシン	スレオニン	リジン	アルギニン	A
	メチオニン(開始コドン)	スレオニン	リジン	アルギニン	G
G	バリン	アラニン	アスパラギン酸	グリシン	U
	バリン	アラニン	アスパラギン酸	グリシン	C
	バリン	アラニン	グルタミン酸	グリシン	A
	バリン	アラニン	グルタミン酸	グリシン	G

第1，第2，第3の数字はトリプレットでの順番を示す．

種々の生物において同じような機能をもつ遺伝子は共通の祖先に由来するので，それらの遺伝子のタンパクコード領域のDNA配列は非常に似ています．最初の細胞が35億年前に地球上に出現して以来，生存上基本となる機能をもつ遺伝子は細菌や酵母，種々の動植物でも類似かほぼ同一で，このような遺伝子は進化上保存されているのです．

ポリA付加シグナル　成熟mRNAの3′側に多数のアデニル酸(アデニン-1-リン酸)を付加させるシグナルとなる塩基配列情報．

D. 遺伝子の発現

DNAは化学的に非常に安定で，遺伝物質として保持されていますが，生物がその情報を利用する際にはDNA配列からRNAに写しとられます．この過程を**転写**といいます(図7b)．転写は，主としてRNAポリメラーゼⅡが遺伝子の上流のプロモーターを認識して結合することから開始されます．ヒトを含む**真核生物**では，RNAポリメラーゼ単独ではプロモーターに結合することはできず，**基本転写因子**と呼ばれる複数のタンパクとともに転写複合体を形成してプロモーターに結合します．転写は，転写複合体の形成，転写複合体の個別の要素の組合せ，転写因子複合体が結合するDNA領域の存在(促進領域：**エンハンサー**，抑制領域：**サイレンサー**)によって，細かく調節されています．RNAポリメラーゼによって，二本鎖DNAの鋳型鎖から**一次転写産物**が転写されます．身体のほぼすべての細胞で発現しているような遺伝子は**ハウスキーピング遺伝子**と呼ばれ，一般に生命の維持に重要だと考えられます．一方，ある組織でのみ発現している遺伝子は，**組織特異的遺伝子**と呼ばれ，その発現調節により特殊な細胞に分化していると考えられます．

いわゆる遺伝子の一次転写産物はそのままでは利用されないで，成熟mRNAに加工されます．核内で一次転写産物の5′末端に**キャップ構造**をつくり，3′末端には**ポリA**

真核生物　核が核膜で細胞質と区切られている真核細胞からなる生物．

基本転写因子　RNAポリメラーゼとともにプロモーターに結合するタンパク群で転写複合体を形成する．

エンハンサー　転写を促進するDNA配列．

サイレンサー　転写を抑制するDNA配列．

一次転写産物，ヘテロ核RNA (hnRNA)　DNAからRNAに転写された直後のRNA．機能するための加工過程を経ていない．

ハウスキーピング遺伝子　ほとんどの組織で発現している遺伝子．

組織特異的遺伝子　特定の組織のみで発現する遺伝子．

キャップ構造　成熟mRNAの5′末端に付加される7-メチルグアノシンを含む特殊構造物．

ポリA尾部　成熟mRNAの3′側に付加される多数のアデニル酸．mRNAがもつ尾のようなのでこの名前がある．

尾部が形成され安定化されます(図7a)．各イントロンはスプライシングと呼ばれる過程を経て除去されて成熟mRNAとなります．ときに，除去するイントロンを一部残したり，本来は残すべきエクソンを除去したりして，さまざまな配列の成熟mRNAを作り出すことが可能で，選択的スプライシングと呼ばれています．この結果，同じDNA配列からまったくアミノ酸配列の異なるタンパクができる場合があります(図8)．ヒトゲノム中の遺伝子総数は約2万2千個で，ショウジョウバエ(約1万3千個)や線虫(約1万8千個)のゲノムと大差はありません．このようなヒトの少ない遺伝子数では，複雑な身体の機能を説明できないと思われます．ヒトでは選択的スプライシングにより，1つの遺伝子から複数のタンパクがつくられ，総数は20万種類にもなります．また，つくられたタンパクもその後種々の修飾が加えられ複雑化し，おのおの特有の機能を発揮すると考えられています．

核内でつくられた成熟mRNAは核膜孔から細胞質に出てアミノ酸配列の設計図として利用されます(図7c)．mRNAの配列をアミノ酸の配列に変換する過程を翻訳と

選択的スプライシング　あるエクソンを飛ばして転写すること．転写物は通常のものと異なる．選択的とは意訳であり，本来は代替的という意味．

翻訳　mRNAのコドンに対応するアミノ酸をつなげて，ポリペプチドを合成する過程のこと．

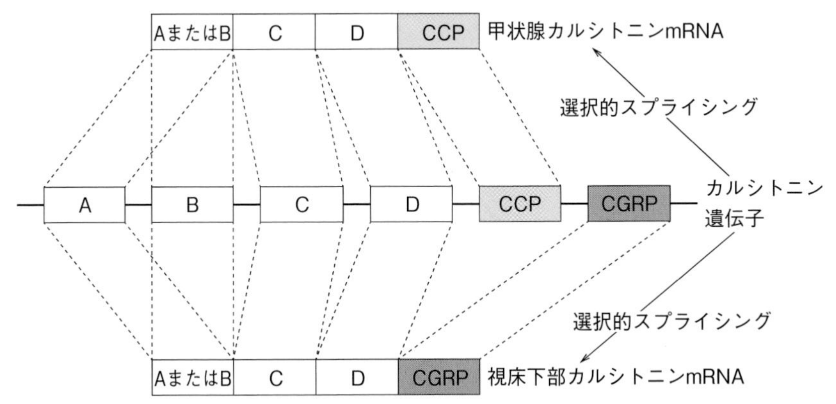

図8　選択的スプライシングによる異なったタンパクの合成(カルシトニン遺伝子)

呼びます．ヒトにおける翻訳は，通常は**開始コドン** AUG（メチオニン）から開始され，UAG，UGA，UAA のいずれかの**終止コドン**で翻訳が終了します．リボソームが mRNA に集まり，開始コドンを認識しメチオニンを最初のアミノ酸として，コドンに従って次々にアミノ酸をペプチド結合によって付加・伸長します．付加されるアミノ酸は**トランスファー RNA（tRNA）**によってリボソームに運搬され，終止コドンが出現した時点で翻訳が終了します．できあがったタンパクはゴルジ体で修飾され，高次構造をつくり，結果として各種のタンパクの立体構造はそれぞれに特異的になります．この構造の特異性が細胞内外での機能の特異性を発揮します．このように遺伝情報は DNA 塩基配列→（転写）→ RNA 塩基配列→（翻訳）→ポリペプチドのアミノ酸配列へと伝わるのです（図 9）．この遺伝情報の流れは，最初クリックらが提唱した仮説（現在は実証されている）で，**セントラルドグマ（中心教義）**と呼ばれています．

遺伝子はタンパクとなって最終的に機能を発揮していますので，細胞内のタンパクの構成を明らかにすることで，診断や病態を明らかにできる可能性があり，質量分析機器

開始コドン　翻訳を開始するコドン．通常はメチオニンをコードする ATG（AUG）．

リボソーム　翻訳を実行する細胞内小器官．多数のタンパクと多数のリボソーム RNA で構成される．

トランスファー RNA［転移 RNA（tRNA）］　mRNA のトリプレットに対応する各アミノ酸をリボソームまで運んでくる小型の RNA．

セントラルドグマ（中心教義）　遺伝情報の流れは DNA 塩基配列→（転写）→ RNA 塩基配列→（翻訳）→ポリペプチドのアミノ酸配列へと一方向へと伝わるとする，分子生物学の概念．現在では，一部のウイルスでは，RNA 配列 → DNA 配列への逆方向の流れが存在することも証明されている．

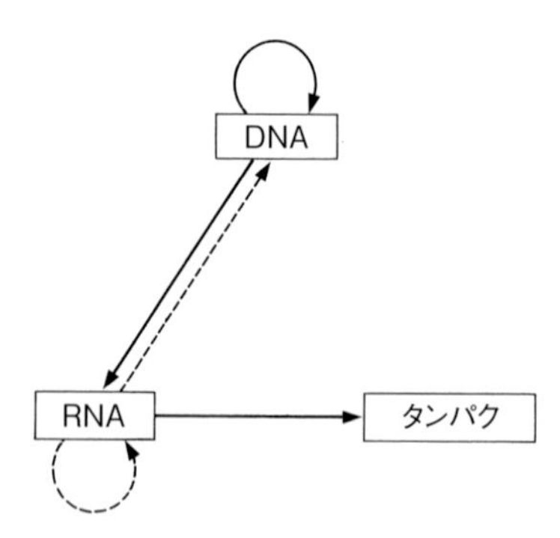

図 9　DNA → RNA →タンパクへの遺伝情報の流れを示すセントラルドグマ
（クリックの図から改変）

を使ったプロテオミクス解析が行われることがあります．細胞内に発現するタンパクの種類や発現量を網羅的に解析するため，遺伝子変異などに起因する細胞の最終的な病態を直接検出できます．プロテオミクス解析においては，質量分析機器の精度向上とヒトゲノムから得られたタンパクデータが大きな役割を果たしています．

プロテオミクス 個々のタンパク，またはある組織で発現するタンパク全体の構造と機能を明らかにする学問分野．ゲノムの構造と機能を明らかにする分野(ゲノミクス)に対応した用語．

E. 非コード RNA (ノンコーディング RNA)の重要性

ノンコーディング RNA (non-coding RNA) タンパクをコードしないで機能発揮する RNA.

遺伝子の発現量の調節は，転写因子やエンハンサーに結合するタンパクなどの DNA 結合タンパクが行っています．しかし，ほかにも非常に繊細な調節を行っている機構があります．すでに転写された RNA を必要量まで分解したり，転写された RNA に微妙な化学修飾を加えることにより，より適切な機能する RNA 構造をつくる機構があります．これらを担うのは，また別の RNA 分子自身です．これらの RNA も広義の遺伝子としてゲノム DNA から転写されたものです．しかし，タンパクに翻訳されずに RNA のみで(厳密にいうと，タンパクの酵素の働きを借りて)機能します．これは，タンパクをコードしていないのでノンコーディング RNA と呼ばれています．tRNA や rRNA，テロメア RNA の遺伝子はタンパクをコードしていませんが，その RNA 自体が機能するのは，古くから知られています(図 10)．

それ以外にも，ノンコーディング RNA の種類には，miRNA，siRNA，snoRNA，snRNA，lncRNA (long non-coding RNA)などがあります(図 10)．snoRNA は，主に rRNA の修飾を行う 200〜300 塩基の RNA です．また，snRNA はイントロン切り出しにかかわる RNA です．これらは比較的古くから知られていました．lncRNA は比較的長い RNA で，mRNA の塩基配列と相補的な配列であ

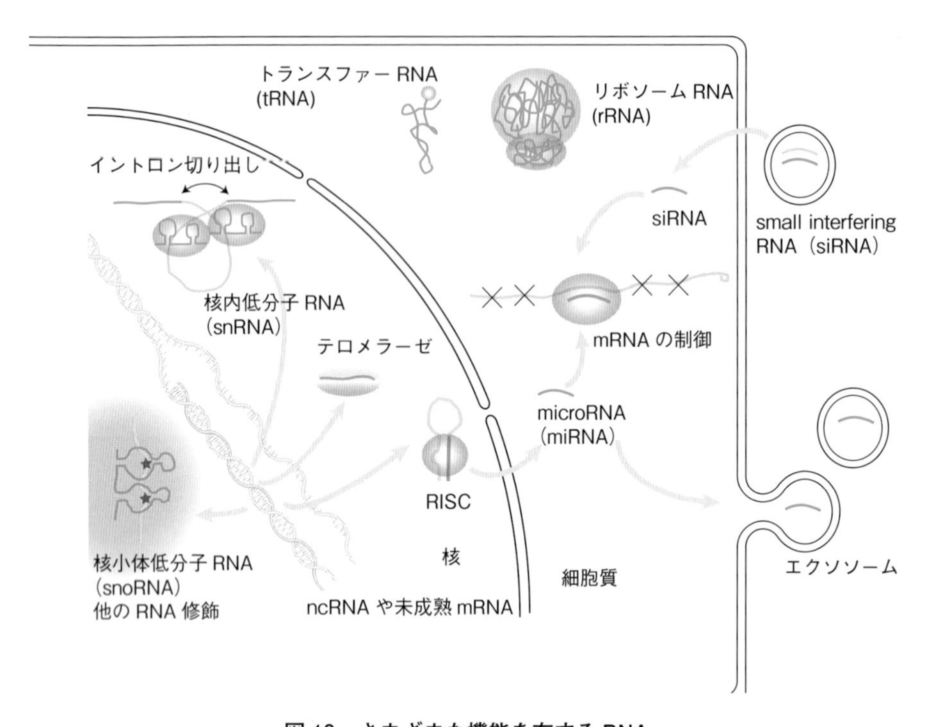

図 10　さまざまな機能を有する RNA

古くから知られている rRNA，tRNA，snRNA，snoRNA や，細胞膜から飛び出す小さなエクソソームと外から移入される siRNA を示す．

れば，目的の mRNA や DNA に結合することにより遺伝子発現を調節します．X 染色体不活化をもたらす Xist は lncRNA の一種です．

最近医療の現場で重要になってきているのが，siRNA と miRNA です．siRNA と miRNA は，20 塩基程度の RNA です．このような小さな RNA の機能の発見は，歴史的にみると，最初に二本鎖 RNA（dsRNA）が mRNA の発現量を調節している（発現している mRNA を壊してしまう）という発見から siRNA が発見されました．これは線虫や植物でみつけられています．siRNA のターゲットは，正確に，ある 1 つの mRNA の特異的領域を消化します．ヒトの細胞からsiRNAが発現しているかどうかは定かでないですが，このsiRNAを人工的につくれば，ヒトの細胞内でも遺伝子発現調節が可能になります．それに対して，1,000種類以上の短いmiRNAは，ヒトの細胞内で発現がみられ，遺伝子翻訳阻害によるタンパク量の調節や，siRNAと同様にmRNAのある特異的領域を消化するなどして発現調節にかかわっている内因性の核酸です．これらの多種類あるmiRNAの中には，がんの発生にかかわったり神経変性疾患にかかわるmiRNAがあり，さまざまな疾患で，その疾患特異的miRNAの解析が臨床に有用になってきています．このmiRNAは，エクソソームという形で分泌されて細胞から遠く離れた場所へも運ばれ，細胞間の情報伝達の手段として利用されていることが明らかになっています(図10)．

エクソソーム　細胞外に分泌される直径30〜100 nmの脂質二重膜に囲まれた小胞．

さらに，siRNAやmiRNAの原理を利用した薬品が，米国食品医薬品局で**核酸医薬品**として数種類認可されています．その疾患対象は，神経変性疾患やウイルス感染症，遺伝性高コレステロール血症，加齢黄斑変性症などです．わが国でも厚生労働省が承認したオンパットロ®点滴静注があります．これは，トランスサイレチン(TTR)型家族性アミロイドポリニューロパチーに適応で国内初のRNA干渉(RNAi)治療薬です．外部からベクターなどによって遺伝子を組織に入れる遺伝子治療は，十数年前からあまり進歩はありませんが，これらの核酸医薬品の開発が急速に進んでおり，今後多数の薬品が登場すると思われます．

核酸医薬品　人工的に合成された核酸(特にRNA)を，直接体内に入れ，標的の遺伝子発現を調節する薬品．現在様々な難治性疾患に対する核酸治療薬が開発されつつある．

RNA干渉(RNAi)　二本鎖RNAと相補的な塩基配列をもつmRNAの翻訳が抑制される現象．二本鎖RNAは最終的には，一本鎖RNAとなって働いている．

F．ゲノム変化と疾患の分子病理

DNA上の塩基配列の変化は，どのような変化であっても変異です．変異には，**新生変異**か，祖先から受け継がれてきた変異であるかの区別はありますが，“いま”発生し

新生変異　上の世代には存在せずその対象者に出現する不可逆的な変異．

たのかが確認できるかどうかだけの差です．しかし，医療関係では，疾患の原因となるような変化を変異と呼ぶことが多いです．塩基の変化は，**塩基置換（点変異）**，**塩基挿入**，**塩基欠失**に分けられます（表4）．一般にスペーサー部位やイントロンに発生した変異は，個体の生存・生殖にそれほど不利に働かずに子孫へ伝達される可能性があります（第Ⅵ章参照）し，エクソン内の塩基置換であっても，アミノ酸配列が変化しない**サイレント変異**の場合には，表現型にまったく影響を及ぼさないこともあります．一方，アミノ酸コード領域の塩基変異はアミノ酸配列の変化をもたらす**ミスセンス変異**の可能性があり，挿入・欠失やスプライシングに影響する変異は，タンパク構造・アミノ酸配列を大きく変化させる可能性があり，遺伝性疾患の原因となることがあります（表5，図11）．プロモーター部位やエンハンサー部位，サイレンサー部位の変異も疾患の原因となることがあります．疾患が重篤な場合には，子孫を残すことなく，変異は集団から消失することが考えられます．塩基の変化が発生しても，「必ずしも病気になるとは限らない」ことを知る必要があり，むしろその方が多いのです．

塩基置換（点変異）　1～数個のDNA塩基が他の塩基に置き換わること．

塩基挿入　1個以上のDNA塩基が加わること．

塩基欠失　1個以上のDNA塩基を失うこと．

サイレント変異　同義変異とも呼ばれる．塩基が変化してもアミノ酸配列には変化がない変異．

ミスセンス変異　非同義変異とも呼ばれる．正常と異なるポリペプチドをつくるような遺伝子変異．通常は1個のアミノ酸が他のものに置換されている．

a. 疾患原因としての変異――コード領域の変異

(1) ミスセンス変異

塩基置換によって発生します．アミノ酸をコードする領域の塩基が変化し，別のアミノ酸を指定するコドンに変化した場合のことです．本来のアミノ酸とは異なったアミノ酸が**ポリペプチド**に取り込まれます．

ポリペプチド　アミノ酸がつながったもの．比較的短いアミノ酸が連なった物質のときに用いるが，タンパクと明確な長さの区別はない．

(2) ナンセンス変異

塩基置換によって発生します．アミノ酸をコードする部位の1塩基変化によって，終止コドンが形成される場合のことです．途中でポリペプチド鎖合成が中止されて不完全なタンパクしか形成されません．ナンセンス変異が発生し

表4　主なコード領域内の変異

変異の区分	変異の呼称	内　容
塩基置換	野生型	もとの配列
	サイレント変異	同義的コドンを生じる
	ミスセンス変異	アミノ酸配列が変化
	ナンセンス変異	終止コドンへの変化
	スプライス部位変異	スプライシング過程の変化
	遺伝子変換	比較的長い範囲で配列が相同塩基配列で置換
挿入・欠失	インフレーム変異	読み枠がずれない挿入・欠失
	フレームシフト変異	読み枠がずれる挿入・欠失
	リピート数変化	トリプレットリピート伸長

結果的に完全長のタンパクができない変異(ナンセンス変異，スプライス部位変異など)のことを総称して短縮型変異と呼ぶことがあります．

表5　単一遺伝子病での病的変異の内訳

変位区分	種　類	割　合(%)
塩基置換	ミスセンス変異	45.3
	ナンセンス変異	11.0
	スプライス部位変異	9.0
	調節領域の変異(エクソン，イントロン，UTRs)	1.9
	微細欠失(≦ 20 bp)	14.8
欠失・挿入を含む構造異常	微細挿入・重複(≦ 20 bp)	6.2
	微細挿入・欠失(≦ 20 bp)	1.4
	大きな欠失(>20 bp)	7.5
	大きな挿入・重複(>20 bp)	1.8
	複雑構造異常(逆位，転座，複雑な挿入・欠失を含む)	0.9
反復変異	反復数変化	0.2
	合計	100.0

た場合には，mRNAが不安定となり積極的に分解されることがあります(ナンセンス介在性RNA分解)．

(3) フレームシフト変異

塩基挿入・欠失によって発生します．ある塩基配列に本来はない塩基が加わることを挿入，本来あるべき塩基がなくなることを欠失といいます．1〜50塩基の挿入・欠失は特にインデルと呼ばれることがあります．アミノ酸は，トリプレットで形成されるコドンで指定されるので，3の倍

ナンセンス介在性RNA分解(NMRD)　ナンセンス変異がmRNAにある場合，mRNAが積極的に分解される現象．ナンセンス変異が最後のエクソンから遠い際に認められることが多いが，NMRDの予測は難しい．

インデル　挿入と欠失のうち，1〜50塩基のものをいう．マイクロインデルともいう．

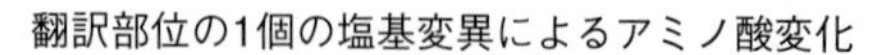

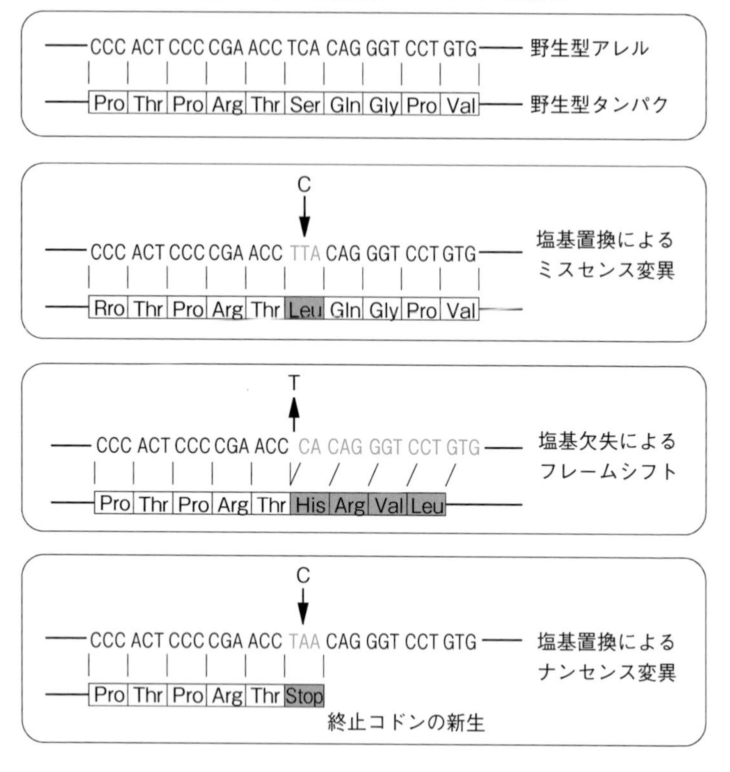

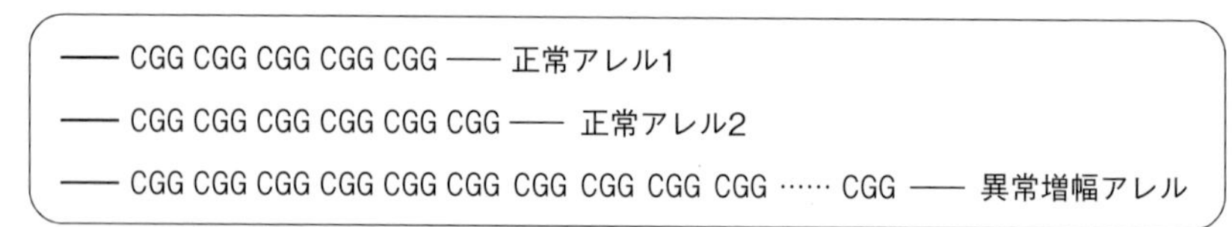

図 11　遺伝子変異の種類

数でない塩基数の欠失・挿入が発生すると，読み枠(フレーム)がずれるため，下流のコドンは本来のアミノ酸配列とはまったく異なったアミノ酸をコードすることになります．このようにフレームがずれる変異をフレームシフト変異といいます．一方，3の倍数の塩基数で欠失・挿入が

読み枠(フレーム)　mRNAは開始コドン(ATG)から始まり，3個の塩基ずつからなる区切りをフレームという．コドンごとの区切りになる．

発生すると，読み枠はずれないでタンパク中のアミノ酸の欠失・挿入を伴った翻訳が起こります(インフレーム変異).

フレームシフト変異　挿入・欠失のために，3個の塩基ずつからなる読み枠(フレーム)がずれる遺伝子変異.

インフレーム変異　挿入・欠失があっても，3の倍数で起きたものは，以下のトリプレットの読み枠は変わらない．このような遺伝子変異のこと.

(4) コピー数変化

ヒトの常染色体上のアレルの数は，父親から1つと母親から1つ受け継ぎ，ある領域の重複や欠失は，正常表現型に悪影響を及ぼす場合があります．他方，アミラーゼ遺伝子のように，正常者でも同じ遺伝子が多数重複している領域もあります．アミラーゼ遺伝子のコピー数の多い少ないは，原則，疾患の原因にはなりませんが，炭水化物の甘さの感受性にかかわります．病的なコピー数変化は，古くから染色体の数の異常として知られています．21番染色体が3本になるとダウン症候群，5番染色体短腕の部分欠損による猫なき症候群などです．それ以外にも，染色体上の微細な領域が欠失してしまい，本来2コピーで機能している領域が，1コピーでは機能しなくなったり，3コピーとなり過剰な遺伝子発現で病的になったりする先天異常があります．このようにコピー数の変化による疾患は，上述の非常に大きい染色体異常も含め，ヒトゲノム中の10 kb〜数Mbの長さ単位の，染色体部位の重複・欠失があります．染色体上のあらゆる部位で，重複や欠失が起こりえますが，2コピーの遺伝子が厳格に必要とされる部位では，重複や欠失は疾患発症の原因になります．これらの染色体上の微細な部位の重複や欠失が起こりやすい領域が存在します．染色体21q11.2や15q11-q13領域が，その代表です．これらの微細な染色体の欠失や重複部位の両末端には，特殊な塩基配列が含まれています．数〜数十コピーの類似の塩基配列をもつローコピーリピート(LCR)と呼ばれる反復配列(Ⅲ-B，図19参照)です．2つのLCRが1つの染色体上に割合近接しているときに減数分裂や体細胞分裂時に相同染色体間で不均等交叉を起こしたり，近接して

ローコピーリピート(LCR)　ゲノム部分重複ともいう．ゲノム中に数コピー存在する同一あるいは類似の配列(95％以上)．10〜300 kbの長さの配列のことが多い.

不均等交叉　相同染色体間の非相同部位で起こる誤った染色体交叉．互いに非常に類似の塩基配列が縦列しているとき，それらの間で起こることがある.

逆方向に並ぶときに染色体内でループを形成して組換えにより欠失したりして，2つのLCR間の塩基配列の重複や欠失の原因となります．このようなLCRを介したゲノムの領域の欠失・重複による疾患を**ゲノム病**（I-D-e参照）と呼ぶことがあります．

ゲノム病 LCR配列を介在して発生する分節的な欠失や重複による疾患群．特定の場所にLCRが存在し，発生しやすい場所があるために，特徴的な臨床像を示す．

(5) 遺伝子変換

複数の類似配列が近接してゲノム上に存在する場合，本来の配列が近接の塩基配列に書き換えられることがあり，遺伝子変換と呼びます．近接しているために機能遺伝子Aの塩基配列の一部が偽遺伝子A′の配列に置き換わることがあり，疾患の原因となります．21-水酸化酵素欠損症やヘモグロビン異常症などでみられる変異です．

遺伝子変換 ある領域が分節的（連続して）に他の場所の塩基配列と置き換わる変異．DNA修復機構によって類似配列に置き換わる．

(6) 反復配列の反復数変化

反復配列に起こる1種のDNA多型です．ある遺伝子領域では3塩基反復（トリプレットリピート）数の増加と疾患発症に関係があります．ハンチントン病や脊髄小脳失調症の一部は，グルタミンをコードするCAGの伸長が知られています．

b. 疾患原因としての変異――非コード領域の変異

(1) スプライシングの異常

スプライシングの過程はきわめて複雑で，イントロンの塩基配列やエクソンの配列などの相互の作用で進行します．特に，イントロンの初め（**ドナー部位**）と終わり（**アクセプター部位**）の2塩基は高度に保存されていて，この場所に塩基置換が発生すると，その周囲のイントロンが取り除かれなかったり，本来の場所ではない部位でエクソンが連結されたりします．その結果，フレームシフト変異やインフレーム変異などが発生することがあります．

ドナー部位とアクセプター部位 イントロンの切り出しに必要なエクソン近傍の領域．この領域の変異があると，正常にイントロンが切り出されなくなる．

(2) 調節領域の変化

プロモーター部位やエンハンサー部位，サイレンサー部位の変異は，発現量の調節ができなくなり疾患の原因となる可能性があります．

(3) 終止コドンの変化

タンパクの翻訳は終止コドンで終了することが必要ですが，終止コドンの変異の結果，翻訳を下流まで続けるリードスルー変異が発生します．余計なポリペプチドが付加することで，不安定になったり機能不全になったりして，疾患原因となることがあります．

リードスルー変異　終止コドンが変異することで，タンパク翻訳が終了せずに余分なアミノ酸が付加される変異．

(4) 反復配列の反復数変化

反復配列の反復数の変化は，mRNA上のコード部以外（UTR），イントロン，遺伝子外にあってもスプライシング異常の原因となったり，mRNAの不安定化を招いたり，転写量を減少させたりして，疾患原因となることがあります．筋強直性ジストロフィーは*DMPK*遺伝子3′UTRのCTG伸長，脆弱X症候群は，*FMR1*遺伝子の5′UTRのCGG伸長が原因です．

UTR　mRNAの塩基配列でタンパクをコードする以外の部位．

コラム5　遺伝子の概念が変わる？ 多様なRNAの働き

タンパクをコードする領域は，全ゲノムの1.5％足らずの領域です．他の領域は，遺伝子発現調節をするエンハンサー部位や転写因子結合部位を除いて，何もしていないのでしょうか．最近のある研究によると，ゲノムの7割近い領域からノンコーディングRNAとして転写されていることが確認されました．その中にはmRNAの修飾や発現修飾を行うRNAも含まれます．また，古くから知られているリボソームRNAや，スプライシングにかかわるRNAなども，一本鎖RNAが立体構造をとり酵素のような働きをします．太古の昔，地球上には「DNAワールド」より先に「RNAワールド」が存在したといわれています．RNAの酵素活性や自己複製能力が生命の発生起源であり，分子的により安定したDNAを生命の設計図に採用したとする説があります．

III 遺伝子の担体としての染色体

ヒト体細胞中の染色体数が46であり，ヒトの性の決定の基本機構がXX-XY型であることがわかったのは1956年のことです．染色体は細胞核中に存在するDNAとタンパク(主としてヒストンタンパク)の複合体です．ヒトの身体は約38兆個の細胞からなっていますが，ヒトの体細胞核1個に含まれるDNAの全長は2ゲノムで約2m，ヒトの1ゲノム中には約2万2千個の遺伝子が存在すると考えられています．これらが約1万分の1の長さに凝縮された染色体中のDNAに配列されています．ゲノムには，色々な種類の配列が含まれています．ヒトゲノムの場合，タンパクを指定している領域は1.5%に過ぎません．ほかには遺伝子発現調節領域のDNAや進化上残された機能していないDNA，ウイルスが入り込んだ痕跡など様々なDNA配列を含んでいます．その全ゲノムDNAとタンパクによって凝集されたものが染色体です．ゲノムDNAを複製し均等に次世代細胞に分配するために染色体は凝集します．つまり，染色体は遺伝子の担体なのです．

A. 染色体の形態と分類

ヒト体細胞の染色体数は46であり，配偶子の染色体数は23です．配偶子中の半数染色体セットは種としての基本的な数値で，これをnで表し，1ゲノムとします．つま

配偶子　精子や卵子のこと．配偶子中には半数染色体セット(n=23)または1ゲノムが含まれる．

り体細胞は2倍性(2 n)で2セットのゲノムからなります．細胞分裂には，体細胞における**体細胞分裂**と，配偶子形成のための**減数分裂**の2種類があります(図12)．体細胞分

体細胞分裂　配偶子形成過程以外の細胞分裂．2 n→2 nと分裂後も染色体数およびゲノムセット数は不変．

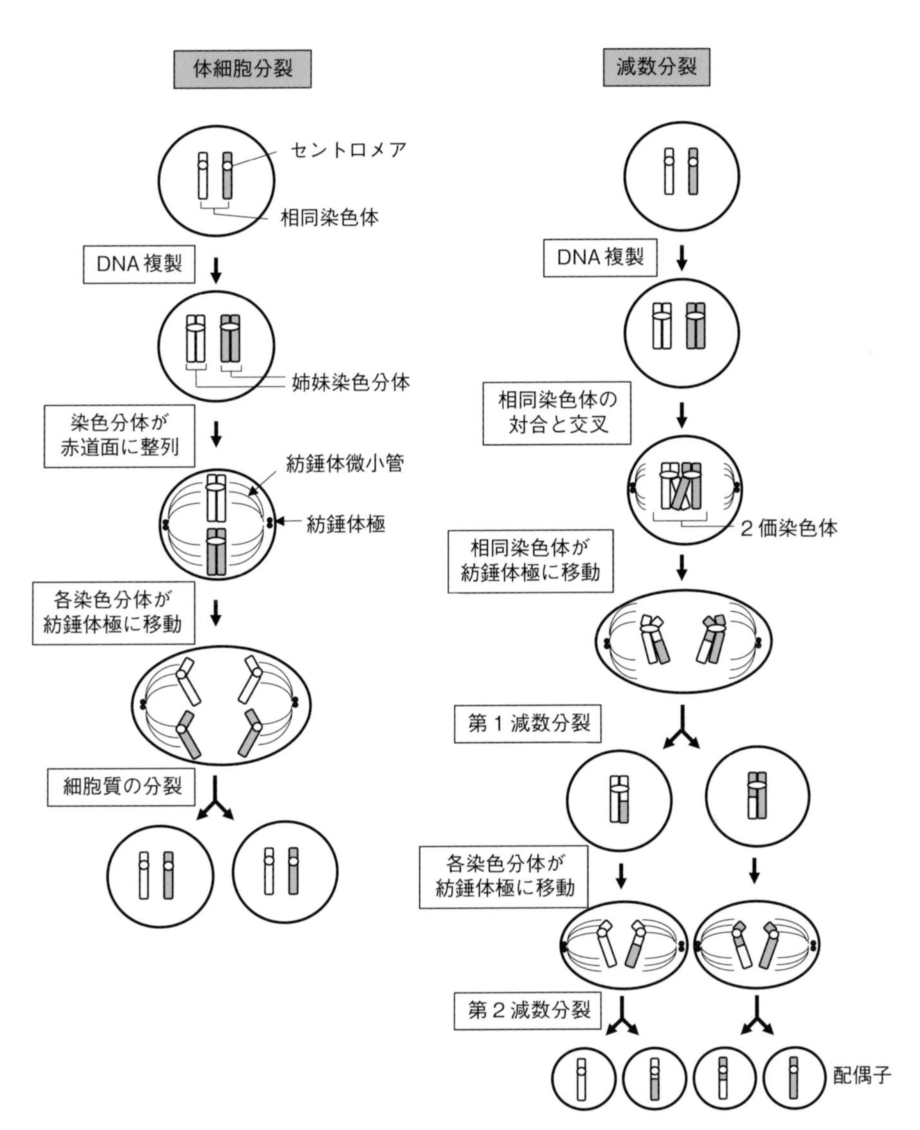

図12　体細胞分裂と減数分裂

裂では，まず父親由来と母親由来の相同染色体のDNA複製が行われ，それぞれが染色分体になります．分裂の際には，紡錘体極から出てきた紡錘体微小管が，セントロメア領域に形成された動原体と結合し，微小管が短縮することで染色分体が両極に移動します．最後に細胞質の分裂も起こり，2つの娘細胞になります．

減数分裂でも，まず父親由来と母親由来の相同染色体のDNA複製が行われ，それぞれが染色分体になります．この2対の染色分体が対合して2価染色体となりますが，相同染色体同士で交叉が起こり染色体の部分的な交換が起こります．これは，生物としての遺伝的多様性を作り出すという意味で非常に重要な意味があります．その後，相同染色体は組換えの起こった状態で紡錘体極へ移動し，細胞質の分裂が起こり，第1減数分裂が終了します．その後，DNAの複製がないまま，染色分体の片方ずつが紡錘体極へ移動し，細胞質の分裂が起こり，第2減数分裂が完了します(図12)．

精子形成では，1次精母細胞から均等な減数分裂を経て4つの精子細胞がつくられますが，卵子形成では少し複雑な分裂過程を経ます．ヒトの卵は，胎児期から排卵が始まるまで第1減数分裂中期で休止しています．思春期以降，周期的に5〜12個の1次卵母細胞が，周りに顆粒層細胞を伴って卵胞へと発育します．1次卵母細胞は，月経周期に合わせ通常1個の成熟卵胞内にある1次卵母細胞が第1減数分裂を完了して排卵され，2次卵母細胞とほとんど細胞質をもたない第1極体ができます．その後，第2減数分裂中期まで進み，受精した場合に第2減数分裂を完成させ，成熟卵子と第2極体ができます(図13)．基本的には極体は消失し，配偶子としての機能は成熟卵子しかもちません．

細胞周期の各相で染色体の形態は異なります(図14)．

減数分裂　配偶子形成のための細胞分裂．第1分裂と第2分裂がある．$2n \rightarrow n$ と分裂後染色体数およびゲノム数は半減する．

相同染色体　同じ対立遺伝子を同じ順番でもつ染色体対のこと．通常，母親由来染色体と父親由来染色体からなる．

姉妹染色分体　DNA複製後にできる同じ遺伝情報をもつ染色分体対のこと．

細胞周期　細胞は，G_1 期→S期→G_2 期→M期→G_1 期と周期(サイクル)を繰り返して増殖する．

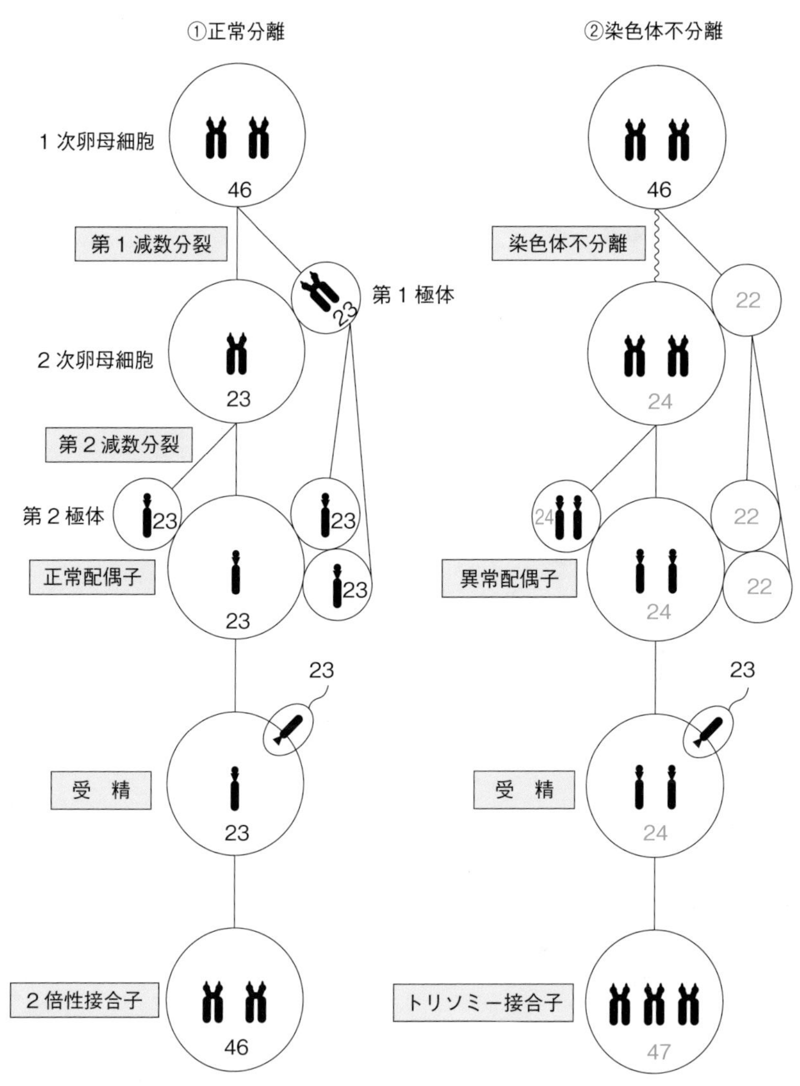

図13　減数分裂時の染色体分離と不分離
図②は第1減数分裂時の不分離を示しているが，第2減数分裂時でも起こりうる．

静止期(間期)のうち G_1 相(前合成期)では染色体は糸状に伸長した1本の**染色分体**(染色糸)からなり，S相(DNA合成期)に至りDNAは複製され2本の染色分体をもちます．

染色分体　M期染色体は，S期で複製した同質の2本からなり，おのおのを染色分体という．

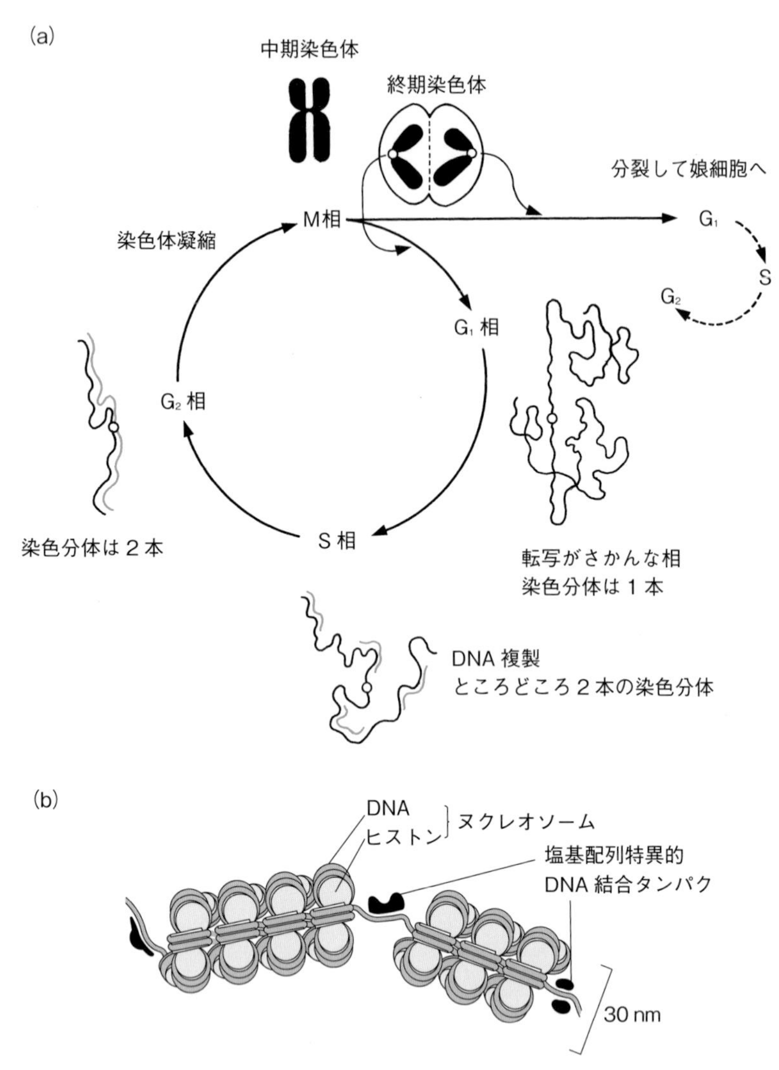

図 14　細胞周期と染色体の形態(a)とクロマチン基本線維の構造(b)
M は細胞分裂相，G_1 は前合成相，S は合成相，G_2 は後合成相．

G_2 相(後合成期)では染色体は凝縮を始め，長さを短縮し，M 相(分裂期)の中期には図 14 a に示すような形態となって細胞核の赤道面に配列します．**分裂中期**の染色体は染色性を増すため容易に観察されます．したがって，ヒトの染色体の観察・分析・記載は通常この分裂中期の染色体で行われます．

遺伝情報を正確に次の世代に伝えるためには，DNA 複製が正確に完了し，染色体が正しく分配されなければなりません．これらに異常がないか監視し，異常があれば細胞周期を停止させる制御機構として**チェックポイント機構**が働いています．G_1/S 相のチェックポイントは，① G_1 期 DNA に損傷がないか，② DNA 複製のためのヌクレオチドなどが十分あるか，③細胞を増殖してよいかなどをチェックし，これらの条件が満たされない場合に G_1 相で停止する機構です．DNA に損傷があり，修復不可能な場合は**アポトーシス**(細胞の自殺)が起きます．その他，S 相や G_2/M 相，M 相のチェックポイント機構も存在し，調和のとれた細胞周期の調節が行われています．大半のがん細胞ではこのチェックポイントが不活化されていて，異常のあるままどんどん細胞増殖が起きます．

$2n=46$ の染色体のうち性に関係する 2 本の染色体を**性染色体**，それ以外の 44 本を**常染色体**といいます．核型正常の女性は 1 対 2 本の相同な X 染色体をもち，男性は 1 本の X 染色体と 1 本の Y 染色体をもちます．常染色体は 22 対の互いに同質な**相同染色体**からなり，大きさの順に 1 番から 22 番染色体に分類します(図 15 a)．相同染色体は減数分裂時には対になり**染色体交叉**(組換え)(図 12)によって遺伝情報の新しい組合せをつくります．配偶子の多様性は，もしまったく組換えを起こさないと仮定しても $2^{23}=800$ 万以上になります．ですから組換えを起こして生じた新たな遺伝子の組合せの数を考えると，2 つとして同じ配偶子がないのは当然のことでしょう．

分裂中期染色体は紡錘糸の付着部位(**着糸点**または**動原体**)でくびれ，上下 2 つの部分に分かれています(図 15 b)．

チェックポイント　細胞周期が正しく進行しているか否かをチェックする検問所のような監視機構．がんではこの機構が異常になっていることが多い．

アポトーシス　あらかじめプログラムされた細胞死のこと．器官発生や個体の恒常性維持のために不要な細胞や過剰に増殖する細胞が積極的に死滅する機構で，細胞の自殺ともいわれる．がんなどではアポトーシス機構が破綻していることが多い．

相同染色体　☞ 38 頁

着糸点(動原体)　細胞分裂のとき紡錘糸が付着する染色体の部分．

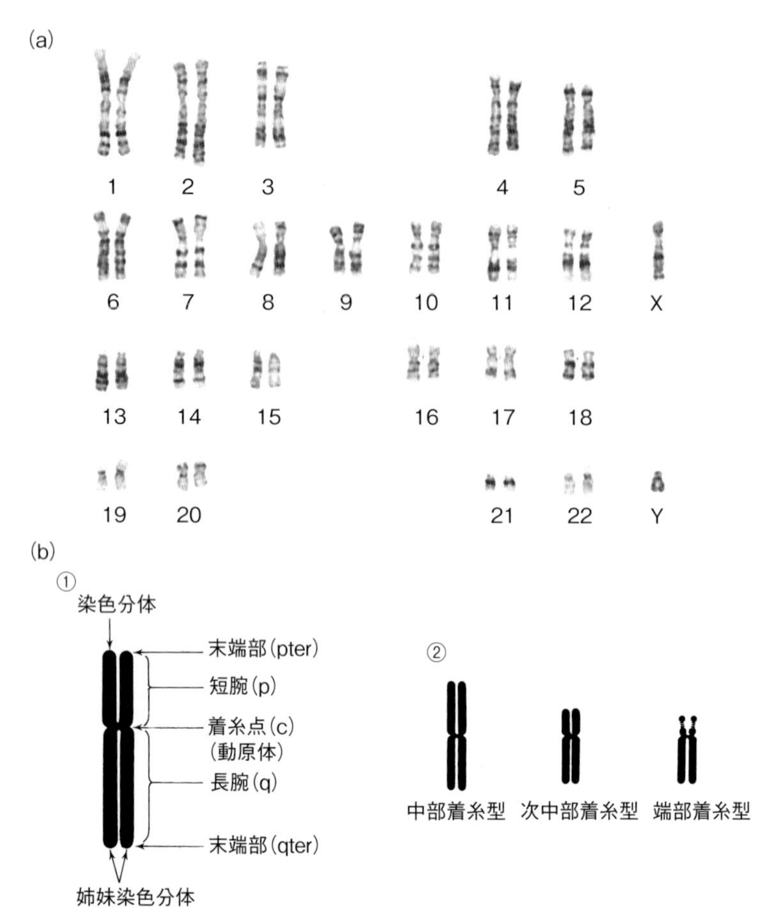

図 15 G分染法で分染した分裂中期のヒト男性染色体(a)，染色体各部分の名称①と染色体の形態的分類②(b)

短い方を短腕といい，長い方を長腕といいます．染色体の端はテロメアと呼ばれる特殊な構造となっていて，染色体を保護する働きをしています(58 頁コラム 6 参照)．また，着糸点を境にして左右は同形になっていて，左右の 1 本ずつを染色分体といいます．中期染色体はすでに細胞周期の S 相(合成期)において DNA 複製が完了していますから，1 本の染色体は 2 分子の二本鎖 DNA をもち，1 本の染色分体は1分子の二本鎖DNAに相当します．すなわち1分子の二本鎖DNAとタンパクよりなる**クロマチン**基本線維は，凝縮し(図14)，2分子の染色分体は着糸点で互いを結合しています．

1970年代に開発された**分染法**によって，各染色体に特有な帯模様(**バンド**)で各染色体の確実な同定が可能になりました．**Qバンド**，**Gバンド**，G/Qバンドの逆の**Rバンド**など，その他おのおの異なるパターンを表す分染法が現在実用されています．バンドパターンが明確でもっとも頻繁に用いられるG分染法は分裂中期の半染色体あたり約330の(図15a)，前中期染色体では最大2,000のバンドを染め出します．G分染染色体は，ギムザ色素で濃く染まるバンドと明るく染まるバンドがありますが，このうち明るいバンドは，4種のDNA塩基のうちGとCが豊富な染色体領域(**GC豊富部位**)で，通常，遺伝子も豊富な領域と考えられています．着糸点近傍は通常とは異なる染色を示し，**ヘテロクロマチン**と呼ばれ，330バンド期の1つのバンドは平均100以上の遺伝子を含みます．

染色体の各部分およびその異常に関しての**国際命名規約**があります(表6)．着糸点はc，短腕はp，長腕はq，末端部はterの省略記号で表します(図15b)．たとえば，3q24は3番染色体長腕の第2領域の第4バンドのことです(図16)．これは番地のようなものと考えてよいと思います．後述するヒト遺伝子地図作製のときに重要となります．ある個人の，あるいはある細胞の染色体構成を**核型**といいます．**核型記載法**は，最初に染色体総数を数字で表し，次に性染色体構成を記載し，その次に，もし異常があればそれを記載します．正常女性の核型は46, XXであり，男性は46, XYです．異常の記載法は表6を参照してください．また，通常の核型検査以外の方法で検出された場合には，その解析法を記載します．

クロマチン(染色質)　塩基性色素で染めたとき染色体に現れる小粒状の構造．大多数の染色体領域にみられる真正染色質(ユークロマチン)と，異なる染色性を示す異質染色質(ヘテロクロマチン)に区別する．

分染法　染色体上に縞模様を施す手法．

バンド　分染法により，染色体に現れる縞模様．

Qバンド　蛍光色素キナクリンマスタード染色で出現するバンド．

Gバンド　ギムザ染色で出現するバンド．

Rバンド　逆転バンド．

GC豊富部位　グアニンとシトシンが多い塩基配列領域．アデニンとチミンが豊富な領域はAT豊富部位という．

ヘテロクロマチン　☞クロマチン

核型　個体や細胞の染色体構成．

表6　核型記載法(国際命名規約)

核　型*	染色体異常の詳細	意　味
47, XY, +21 47, XX, +18 45, X 47, XXY	21 トリソミー 18 トリソミー X モノソミー 過剰 X 染色体	トリソミー型ダウン症候群男性 18 トリソミー症候群女性 45, X 型ターナー症候群 クラインフェルター症候群
mos 45, X/46, XX	XO と正常女性型細胞のモザイク	モザイク型ターナー症候群
46, XY, t (2;5) (q21;q31)	2 番染色体と 5 番染色体の均衡型相互転座	2 番染色体長腕バンド q21 と 5 番染色体長腕バンド q31 で切断し，各自の切断点から末端部までの部分を他方染色体切断点に転座した染色体をもつ男性
46, X, i (X) (q10)	同腕 Xq 染色体	同腕 Xq 染色体をもつターナー症候群，X 染色体短腕は欠失している
46, XX, del (5) (p13)	5 番染色体末端部欠失	5 番染色体短腕バンド p13 から末端部を失っている猫なき症候群女性
46, XX, r (21) (p12 q22)	環状 21 番染色体	短腕バンド p12 と長腕 q22 から末端部を欠失して環状に再結合した 21q−症候群女性
46, XY, der (14;21) (q10;q10), +21	ロバートソン型転座に由来する 21 番染色体の過剰	転座型ダウン症候群男性

*□, □, □＝総染色体数, 性染色体構成, 染色体異常の詳細

B. 染色体異常と発生機構

染色体の異常は，①個体全体にみられる**構成的染色体異常**と，②がん細胞など，放射線・ウイルス・化学物質の影響で一部の細胞にのみ一時的にみられる**一時的染色体異常**とを区別します．ここでは主として構成的染色体異常について述べることにします．染色体異常は次のように分類されます．

構成的染色体異常　先天的にもつ染色体異常．

一時的染色体異常　一部の体細胞のみに一時的に現れる染色体異常．

a. 数的異常

染色体数が増減する異常で，さらに以下のように細分されます．

数的異常　染色体総数の増減．

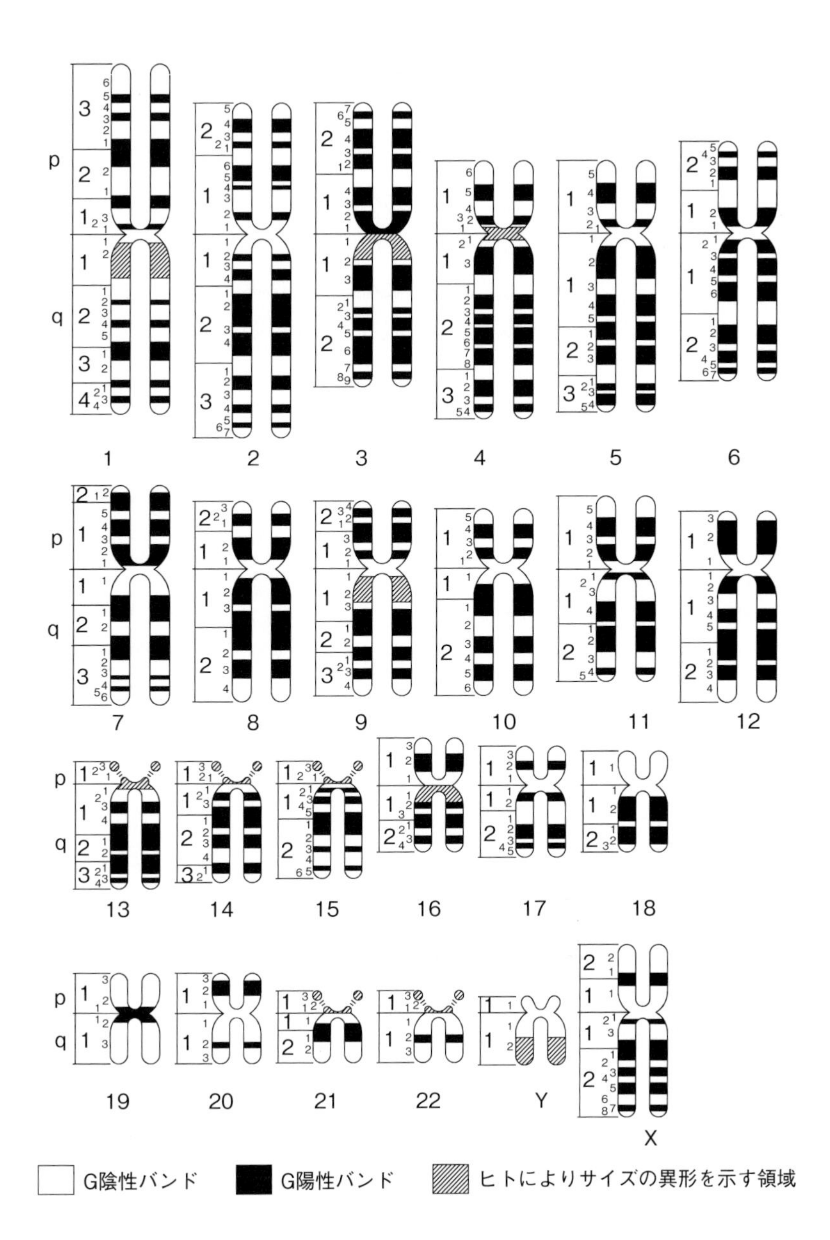

図 16　ヒト染色体の領域とバンドの位置
斜線領域は，ヒトによりサイズの違いの異形を示す領域.

(1)**異数性異常**は正常の46本より1～2本の増減を伴う異常です．1対の代わりに3本の相同染色体が存在する**トリソミー**，逆に1本しかない**モノソミー**などです．細胞分裂時に染色体が正常に分離せず，両方とも一方の極に移動します．これを**染色体不分離**といいます．不分離を伴った細胞分裂によって生じた娘細胞の片方は，その染色体に関してトリソミーとなり，他方はモノソミーとなることは容易に理解できるでしょう．染色体不分離は減数分裂時に起こり(図13)，その配偶子が受精すれば異数性異常をもつ個体となります．また，細胞分裂後期に染色体の移動が遅れたために，一方の娘細胞の核に遅れた染色分体が分配されずモノソミーとなる場合もあります(**後期遅滞**または**核外喪失**)．

染色体不分離は，母体の加齢に関係する(**母加齢効果**)と考えられています(図17)．ダウン症候群(21番染色体のトリソミー)患者の母年齢を横軸に，患者数を縦軸にとりますと，図17Aのように2峰性の曲線となります．これは点線で示した2つの曲線を加算したものと考えることができ，左側の曲線は一般母集団を表し母年齢非依存群といい，右側はダウン症候群に特有の母年齢依存群と呼ばれます．また，このデータの縦軸をダウン症候群患者の出生確

異数性異常　染色体数が1～2本増減する異常．

トリソミー　通常，相同染色体は1対だが，3本の相同染色体からなるときトリソミーという．

モノソミー　1対の相同染色体の1本を失った状態．

染色体不分離　減数分裂時(または体細胞分裂時)に相同染色体または染色分体が両極に分離しないで，片極に双方とも移動し，娘細胞に均等に分配されないこと．

後期遅滞　細胞分裂後期に染色体の移動が遅滞したために，一方の娘細胞の核に染色体が分配されずモノソミーとなること．核外喪失ともいう．

母加齢効果　母の年齢が増加するとトリソミーをもつ子供が増加する現象．

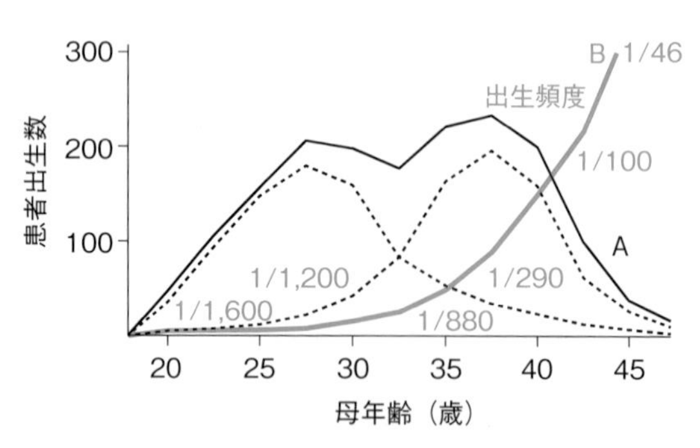

図17　ダウン症候群における母加齢効果

率に置き換えますと，図17Bになります．一見してわかるように，母年齢が35歳を越えると急にダウン症候群の発生率が高まります(58頁コラム7参照)．

(2)倍数性異常とは体細胞が2nではなく，3n(3倍体)や4n(4倍体)などの場合をいいます(59頁コラム8参照)．3倍体のほとんどは2精子受精で起こります．

b. 構造異常

染色体に切断が生じ，切断片が再結合するとき生じる異常で，以下のように細分されます(図18)．2つ以上の染色体にそれぞれ切断が生じ，切断片を交換して再結合した相互転座，切断片を失った欠失，切断片が他の染色体に入り込み再結合した挿入，切断片が180度回転して再結合した逆位，切断点より遠位片をそれぞれ失い，残った長腕と短腕が再結合し輪になった環状染色体，一方の腕が他方の鏡面像となっている同腕(イソ)染色体，相同染色体間の不均等交叉で染色体の一部分が縦に重複した重複などです．相互転座・挿入・逆位などは遺伝子に過不足がないので，均衡型構造異常と呼ばれます．

構造異常は電離放射線(DNA二本鎖切断)や活性酸素，薬剤・化学物質などで生じる可能性があります．また，多くの構造異常はゲノム中に存在するローコピーリピート(LCR)の間で起こります(図19)．構成的異常は主として配偶子形成時に発生しますので一種の突然変異ですが，一般的に遺伝性ではありません．しかし，均衡型構造異常の保因者の子供に不均衡型異常が生じることがあります．つまり，親の配偶子中の転座染色体の組合せによっては不均衡となるのです(図20)．また逆位は，減数分裂時に組換えが起き，不均衡型異常症の原因となります．

倍数性異常　配偶子中の染色体数(n)の3倍，4倍の染色体数となること．

2精子受精　1個の卵子に2個の精子が受精すること．

切断・再結合　染色体(DNA)が切断され，次いで再び結合すること．

相互転座　互いに染色体の一部を入れ換える転座．

欠失・挿入　染色体(DNA)の一部を失う・挿入されること．

逆位　ある染色体の領域が正常とは逆の配列となること．

環状染色体　輪になっている染色体．

同腕染色体　染色体の両腕が，短腕(または長腕)のみが重複して鏡像となっていること．

重複　ある染色体領域が二重に存在すること．

均衡型構造異常　DNA量に過不足のない染色体の構造異常．

ローコピーリピート(LCR)　ゲノム上に存在するほぼ同じ塩基配列をもった断片．離れて2〜3ヵ所に存在することが多い．

(染色体異常の)保因者　均衡型構造異常をもつが，無症状の個体．

不均衡型異常　DNA量の過不足を示す染色体の構造異常．

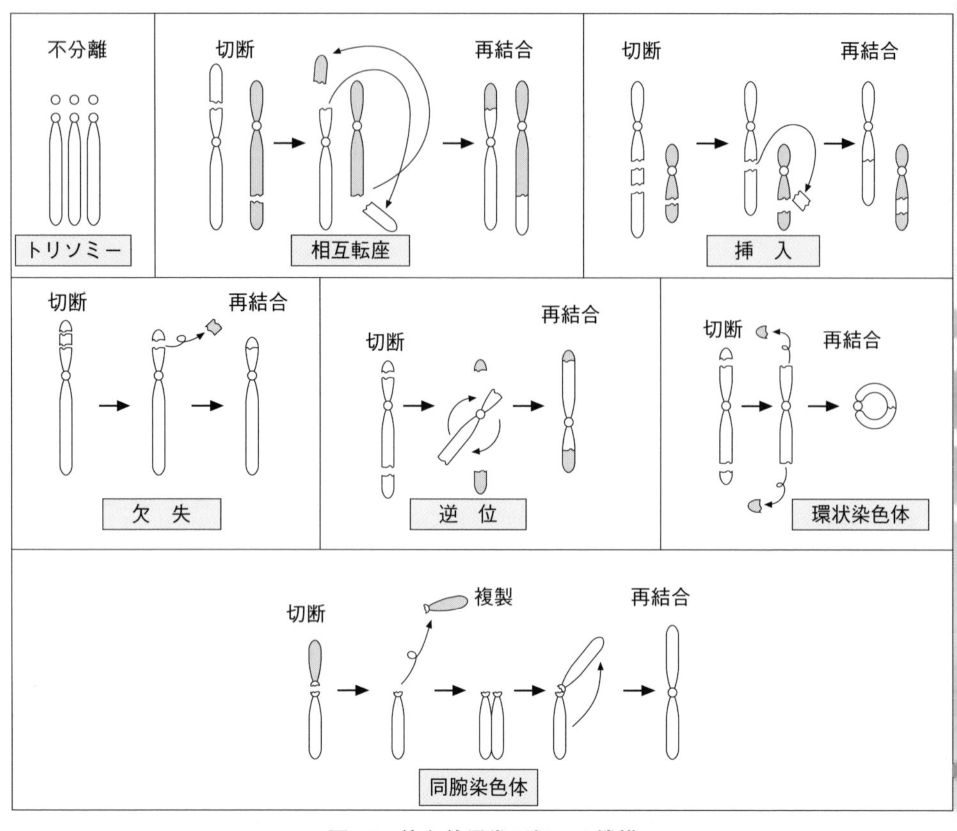

図 18　染色体異常が起こる機構

c. モザイクとキメラ

1 個体が 2 種類以上の異なる染色体構成，あるいは遺伝子構成をもつ細胞からなっていることです．2 種以上の細胞が同一接合子由来のとき**モザイク**といい，異なる接合子由来のとき**キメラ**と呼びます．配偶子形成時に染色体不分離が起き，トリソミーとなった受精卵が分裂を続けるうちに 1 本の相同染色体を失い（**核外喪失**），mos 47/46 となったモザイク症や，細胞分裂時に安定性を欠く環状染色体が核外喪失してモザイクとなるなどはその例です．chi 46,

モザイク　1 つの受精卵由来であるが，2 種類以上の核型（遺伝子型）からなる個体．

キメラ　2 個以上の受精卵由来であり，2 種類以上の核型（遺伝子型）からなる個体．

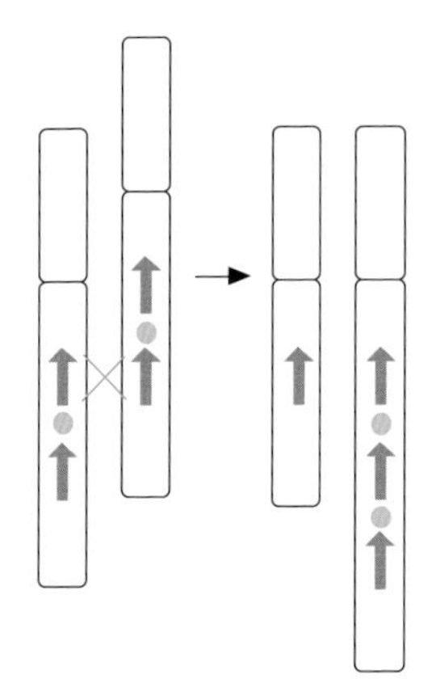

図19　ローコピーリピートと染色体重複・欠失

遺伝子●の両側にある同一方向をもつ2つのローコピーリピート(LCR)➡間の×部位で不均等交叉が起きた結果，1本の染色体上に2コピーの遺伝子が生じる．他方の染色体上の遺伝子は欠失する．この配偶子が●をもつ正常の配偶子と受精すると結果的に遺伝子は3コピー(重複)あるいは1コピー(欠失)となる．

XX/46, XYのキメラは真性半陰陽のことが多く，2個の受精卵が融合したか，または異常な第2減数分裂で生じた(1卵子由来の)2個の卵がそれぞれ受精し，そのまま融合したと考えられます．がん細胞における染色体構造異常は一時的染色体異常の代表ですが，それはモザイクです．また，骨髄移植が成功すればキメラとなります．キメラ個体は本来まれな現象ですが，生殖補助医療の発達で，一部の細胞・組織にだけ認められるキメラの増加が考えられています．

d.　親由来の異常

染色体の数や構造が正常でも，おのおのの相同染色体が各親から由来していない場合も染色体異常とみなされます．親由来の異常は大別して以下の2つがあります．①**片親性2倍体**とは，受精卵の2つの染色体セットが片親に由来する場合で，正常な器官発生はできません．受精時に

片親性2倍体　胚の2つの染色体セット(2*n*)が片方の親のみに由来する現象．

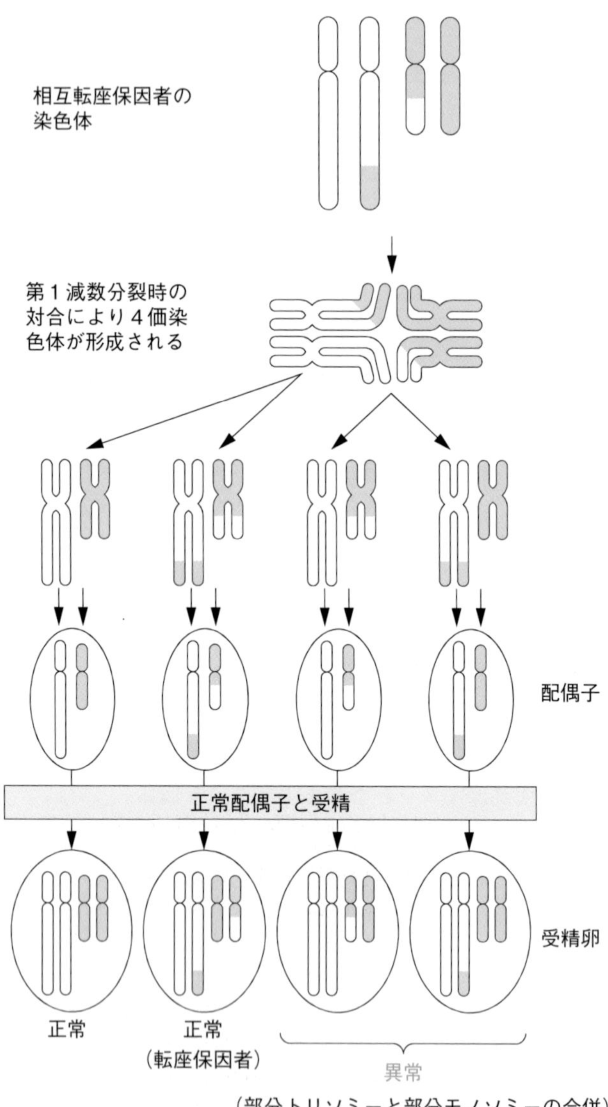

図20　不均衡型染色体異常

卵子の核が消失し，精子の核だけが倍化した**雄核発生体**は，胎盤組織は発生しますが，胎児成分は形成されず，ヒトでは胞状奇胎となります．その核型のほとんどは46, XXで，少数が2精子受精による46, XYです．一方，46, YY核型の雄核発生体は生存できません．逆に，2倍体卵子のみ(処女生殖)から発生する**雌核発生体**は，胎児成分は発生しますが，胎盤組織はできず，ヒトでは良性の卵巣奇形腫となります．②**片親性ダイソミー**(UPD)とは，2本の相同染色体双方が片親に由来する場合です(V–B参照)．ある種の遺伝子では，片親から由来するものだけが発現されることがあり，ゲノム刷り込み現象と呼ばれています(V–B参照)．この場合，片方の親からのUPD個体はその形態や機能に異常が生じることがあります．

雄核発生体 精子由来の父ゲノムだけからなる胚発生．ヒトの雄核発生体は胞状奇胎である．

雌核発生体 卵子由来の母ゲノムだけからなる胚発生．ヒトの雌核発生体は良性卵巣奇形腫である．

片親性ダイソミー 1対の相同染色体が双方とも片親から由来すること．

C. 染色体異常症

染色体の異常による疾患を**染色体異常症**といいます．染色体異常症のうちで，一定の臨床像を示すものを染色体異常症候群といいます．常染色体の異常は，一般的に多発奇形や発育障害，知的障害などを伴い，それぞれの染色体異常症に特有の顔貌(特異顔貌)や身体の特徴を示すことが多いのです．性染色体の異常は，奇形や不妊症を示すものから正常表現型まで幅があります．染色体分染法の発達で，現在数十種の染色体異常症候群が知られていますが，代表的な染色体異常症候群についてのみ表7に示します．他の染色体異常症候群やそれらの臨床症状については既存の成書(巻末「参考図書」)を参照してください．

D. X染色体の不活化

性染色体異常症の症状は常染色体異常に比べて比較的軽

表7　代表的な染色体異常症候群

	染色体異常	染色体異常の説明	症　状
常染色体の数的異常	ダウン症候群	21番染色体トリソミー	知的障害，低身長，早期老化，つり上がった眼，低い鼻根，大きい舌，心奇形，消化管奇形
	18トリソミー症候群	18番染色体トリソミー	低出生体重，短命，高い鼻梁，小さな口と顎，指の重なり，心奇形，知的障害
	13トリソミー症候群	13番染色体トリソミー	知的障害，てんかん，無呼吸，脳奇形，短命
性染色体の数的異常	ターナー症候群	X染色体モノソミー	低身長，翼状頸，外反肘，二次性徴欠如，無月経，大動脈狭窄症，リンパ浮腫
	トリプルX女性	X染色体トリソミー	無症状のことが多い
	クラインフェルター症候群	XXYの性染色体	比較的高身長，女性化乳房，知的障害，不妊
	XYY男性	XYYの性染色体	高身長，ときに軽度の知的障害，ときに犯罪行動傾向
構造異常	猫なき症候群	5番染色体短腕欠失	知的障害，低身長，離れた眼，小さい顎，小猫のようなかん高い声
	ヴォルフ・ハーシュホーン症候群	4番染色体短腕欠失	特有の顔貌，知的障害，短命，てんかん
モザイク	8トリソミーモザイク症候群	8番染色体トリソミーと正常細胞のモザイク	軽度の知的障害，特有の顔貌
その他	脆弱X症候群	特殊条件下でのXq27.3のギャップ	知的障害，巨大睾丸，細長顔，前頭部と下顎の突出，大耳介

度です．その理由の1つは，X染色体の不活化にあります（Ⅳ-D，E参照）．X染色体不活化現象は，哺乳類全般にみられる現象です．1961年にM.ライオンはマウスの実験結果をもとに，哺乳類メスの2本のX染色体のうち1本は遺伝的に活性であるが，もう1本は不活性であることを見い出しました．X染色体の数的異常例では，1本のX染色体のみが活性で残りのX染色体は不活化されます．不活化されたX染色体は，間期細胞核で凝縮した染色塊と

X染色体不活化　X染色体が凝縮し，遺伝子発現を失うこと．

して観察され，Xクロマチン(X染色質)と呼ばれています(図21)．つまり，正常XX女性におけるXクロマチンは1個，XXX女性では2個で，XY男性にはみられません(59頁コラム9参照)．ちなみに，X染色体不活化とは無関係ですがY染色体由来の染色体塊はYクロマチンといいます．

Xクロマチン　間期細胞核で観察されるX染色体由来の染色質．

Yクロマチン　間期細胞核で観察されるY染色体由来の染色質．

E.　染色体異常の発生頻度

ヒトは染色体異常の頻度がもっとも高い生物の1つです．染色体異常の頻度は配偶子中の頻度を反映します．しかし，染色体異常をもつ受精卵の多くは，遺伝的負荷のために着床できないか着床しても流産となることが多いのです．

遺伝的負荷　生存により不利に働く遺伝的要因．

a.　配偶子中の染色体異常

ゴールデンハムスター卵の異種間体外受精を応用したヒト精子染色体分析法によりますと，精子の総染色体異常頻

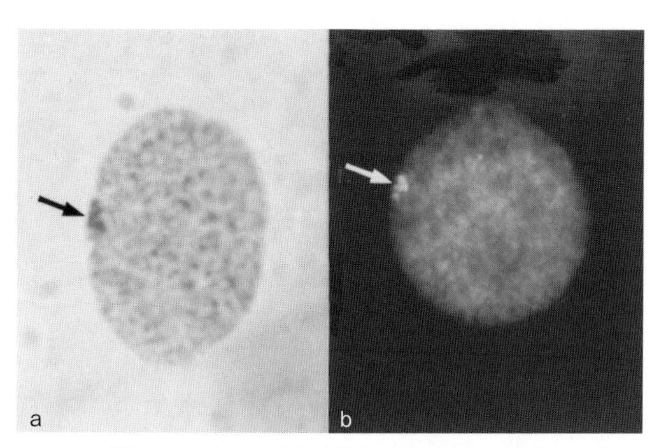

図21　Xクロマチン(a)とYクロマチン(b)

口腔粘膜細胞をオルセイン色素で染めて押し潰すと，女性細胞の30〜40%は核の縁に1個の大きな染色小粒(Xクロマチン)をみる．男性細胞にはXクロマチンはない．一方，男性の細胞をキナクリンマスタード色素液で染めると，蛍光光度の強い染色小粒(Yクロマチン)が観察できる．これはY染色体長腕のヘテロクロマチンである．女性細胞にはYクロマチンはない．

度は約10％で，そのうち構造異常が80％以上を占め，数的異常は少なく20％程度です．構造異常の頻度は加齢に従って上昇することが知られています．人工受精のとき受精しなかった未受精卵を材料として研究されたヒト卵子中の染色体異常の頻度は20〜30％で，精子の2倍程度です．数的異常がほとんどを占め，構造異常は5％に過ぎません．

b. 自然流産胎児中の染色体異常

認知された妊娠のおよそ15％が妊娠第1三半期に自然流産しますが，流産胎児の約半数は染色体異常です．大部分が数的異常で，各種の常染色体トリソミー，Xモノソミー，3倍体の合計が約90％を占めます．

c. 周産期死亡児中の染色体異常

妊娠28週以降(周産期)の死産児および新生児期死亡児を加えた染色体異常の頻度は約6％で，18トリソミーや13トリソミーなど重症な症候群が含まれます．

d. 新生児における染色体異常

出生1,000人あたりの染色体異常の頻度は8人(125人に1人)程度です．構造異常が半数以上を占めますが，その大多数が表現型正常の均衡型異常です．数的異常がほとんどを占める流産とは異なっています．数的異常では性染色体異常が多く，13・18・21番染色体のトリソミーの占める割合は20％弱に過ぎません．また，染色体異常頻度は母加齢(35歳以上)によって上昇し，20歳台の母親からは1/1,500，35歳で1/380，45歳では1/29にもなります．出生前診断の受診率など，各国の事情によりダウン症候群患者の出生率は今後大きく変化することも予想され，単純な生物学的発生率を反映するものではありません．わが国

表 8　各国・地域のダウン症候群頻度

地　域	調査年	人口 1 万人に対しての人数	参考文献
米　国	2006～2010 年	12.6	de Graaf et al., 2015
イングランドとウェールズ	2010 年	9.9	Wu & Morris, 2013
オランダ	2015 年	11.1	de Graaf et al., 2017
クロアチア	2009～2012 年	7.01	Glivetic et al., 2015
日　本	2016 年	22.6	Sasaki et al., 2019

は欧米諸国に比べると，ダウン症候群患者数は多い傾向にあります(表 8).

F. 腫瘍と染色体異常

腫瘍にみられる染色体異常は一時的異常と呼ばれます．1960 年に慢性骨髄性白血病(CML)細胞中に，小さな染色体が発見され，**フィラデルフィア染色体(Ph[1] 染色体)**と呼ばれました．Ph[1] はその後，9 番と 22 番染色体間の相互転座 t (9；22)(q34；q11.2)由来であり，CML に特異的に現れることがわかりました．この転座によって，通常は存在しない *BCR/ABL* **融合遺伝子**が形成され(Ⅷ-C 参照)，これが Ph[1] 陽性 CML の直接原因です．その結果高まったチロシンキナーゼ活性を阻害する薬剤(イマチニブ)が開発され，治療効果を上げています．現在，多くの白血病や固形腫瘍で染色体異常が分析・集計され，腫瘍型の診断や生命予後の推定，化学療法プロトコルの作成，発症機構の解明などに役立つだけでなく，がん細胞特有の分子を標的とする分子標的治療が数種のがんに対して行われています．各腫瘍型と特有な染色体異常の詳細は成書に譲りますが，その一部を表 9 に記します．しかし，腫瘍細胞にみられる染色体異常の多くは原因ではなく，細胞増殖(細胞進化)の過程で 2 次的に生じたものです．

1971 年にクヌードソンは，遺伝性と非遺伝性の 2 つの

フィラデルフィア染色体(Ph[1] 染色体)　慢性骨髄性白血病(CML)の一種にみられる 9 番と 22 番染色体間の転座由来の派生染色体．診断的価値が高い．

融合遺伝子　☞ 143 頁

表 9　腫瘍型と染色体転座

腫　瘍	染色体転座	融合遺伝子
急性骨髄性白血病(M2)	t (8;21) (q22;q22)	*AML1*/*ETO* 融合遺伝子
急性前骨髄性白血病(M3)	t (15;17) (q22;q12)	*PML*/*RARA* 融合遺伝子
慢性骨髄性白血病	t (9;22) (q34;q11.2)	*BCR*/*ABL* 融合遺伝子
濾胞性リンパ腫	t (14;18) (q32;q21)	*BCL2* 遺伝子
マントル細胞リンパ腫	t (11;14) (q21;q32)	*BCL1* 遺伝子
バーキットリンパ腫	t (8;14) (q24;q32)	*MIC* と免疫グロブリン遺伝子の相互転座で *MIC* が活性化

タイプがある網膜芽細胞腫やウィルムス腫瘍などでは，腫瘍発生に2回の突然変異が必要であるという**2段階(2ヒット)仮説**を提唱しました(Ⅷ-C-b参照)．1979年には網膜芽細胞腫における13q14に起きた転座や欠失例が報告され，この仮説を証明することになり，**がん抑制遺伝子**の発見につながりました．一般に優性遺伝する**高発がん性疾患**(表10)の原因となる遺伝子はがん抑制遺伝子であり，本来細胞の増殖を抑える働きをしていると考えられています．一方，劣性遺伝性の高発がん性疾患の多くは，**DNA修復異常**や免疫異常を伴う疾患です．DNA修復異常症では，ある条件下で染色体に切断や**染色分体交換**が高頻度にみられ，診断の決め手になります．

2段階(2ヒット)仮説 ☞ 144頁

がん抑制遺伝子 ☞ 142頁

高発がん性疾患　発がんしやすい疾患.

DNA修復異常　DNA鎖上の塩基変異を修復できないような異常.

染色分体交換　姉妹染色分体間で起こる組換え.

表 10　高発がん性疾患

遺伝様式	疾　患
常染色体優性遺伝	フォンヒッペル・リンドウ病 家族性大腸ポリポーシス 家族性非ポリポーシス大腸がん 家族性乳がん 家族性腎がん 家族性前立腺がん 多発性内分泌腫瘍症 1 型 多発性内分泌腫瘍症 2 型 リー・フラウメニ症候群 神経線維腫症Ⅰ型 神経線維腫症Ⅱ型 家族性網膜芽細胞腫 無虹彩・ウィルムス腫瘍症候群 ベックウィズ・ウィードマン症候群 ヌーナン症候群 コステロ症候群 ソトス症候群 基底細胞母斑症候群 家族性メラノーマ 結節性硬化症
常染色体劣性遺伝	色素性乾皮症 ブルーム症候群 毛細血管拡張性失調症 ファンコーニ貧血 ウェルナー症候群 ナイミーヘン切断症候群 チェディアック・東症候群
X 連鎖劣性遺伝	X 連鎖性無ガンマグロブリン血症 ウィスコット・オールドリッチ症候群 ダンカン病

コラム 6 細胞の寿命を決めるテロメア

染色体の末端には染色体の構造を守るための反復配列があり，テロメア配列と呼ばれます．細胞分裂に先立って DNA は複製されますが，そのとき 5′ 末端部分の 50〜100 塩基が複製されず，細胞分裂のたびに短くなっていきます．テロメアがある程度短くなると細胞は分裂をやめてしまい，個体の老化の原因になると考えられています．精子中のテロメアがもっとも長く，胎児，新生児，成人，老人の順にテロメアの長さは短くなることが知られています．ところががん細胞中のテロメアは一般に長く，これはテロメラーゼ（テロメアの長さを保つ酵素）が働き増殖を続けるためだと考えられています．

コラム 7 古くなる卵子

ヒト女性の卵子のもととなる卵原細胞は，胎生 3〜7 ヵ月に配偶子（卵子）形成過程に入り，数百万個の卵母細胞となります．卵母細胞は第 1 減数分裂の終止期直前（分裂前期の複糸期）で中止し長い休止期に入り，その後，思春期以降に性腺刺激ホルモンの作用で成熟を始め，排卵前に第 1 減数分裂が再開され終了します．したがって，もっとも休止期が短い卵子でも初潮までの 12〜13 年間，長いものは閉経までの 50 年間以上も休止期に入り，その間に放射線，化学物質などの環境要因にさらされ，また性ホルモンの影響などで生物学的にも卵子は古くなります．これが，思春期以降毎日，配偶子形成過程が行われ新しく形成される精子と異なり，母加齢効果の大きな原因です．ちなみに，先に用意された約 400 万個の卵のうち排卵されるのは，約 400 個位です（毎月 1 回の排卵×生殖年齢四十数年）から，大多数の卵は実際には生殖にはあずからないことになります．

コラム 8　食べやすいがつくるのが大変な種なしスイカ

種なしスイカは食べやすいので一時期人気がありました．種なしスイカは3倍体です．最初に4倍体のスイカ($4n$)をつくり，これと2倍体スイカ($2n$)を交配して3倍体($3n$)をつくります．$3n$は2で割り切れないので減数分裂はうまくいかず，配偶子ができません．種なしスイカの子孫はできませんから，そのたびに上記の方法でつくらなければなりません．採算がとれず，あまり普及しませんでした．

コラム 9　オリンピックにおける選手の性別チェック

過去のオリンピックや国際競技大会などでは選手の性別チェック(セックスチェック)が行われていたのはご存知だと思います．女性競技に男性が参加するのを排除するためです．性別チェックは，古くは頬粘膜細胞のXクロマチンの有無で判定されました．男性は原則的にXクロマチンが観察されないことを利用したものです．その後X染色体およびY染色体特異的なDNAの塩基配列で，特に*SRY*遺伝子の有無をPCRで調べられていました．しかし，本人の同意のない遺伝子検査を強制されていた反省もあり，現在では人道的立場からオリンピックにおける選手の性別チェックを遺伝子や染色体で検査しなくなってきています．男性ホルモン値を参考にするなどの議論もありますが，まだ決定的事項ではありません．

ヒトのメンデル遺伝

A. 遺伝形質と遺伝型，接合性

一般的に遺伝というと，親から子へと遺伝形質が直接伝達(**垂直伝達**)されることを意味していますが，遺伝学的には遺伝形質が伝わらなくてもそれを支配している遺伝子が伝達されるときにも遺伝性といいます．

垂直伝達 親→子→孫と家系図上垂直的に形質が伝達されること．

代表的な遺伝はメンデルの遺伝でしょう．メンデルの遺伝法則は，その数学的整合性から**形式遺伝学**とも呼ばれ，また，その遺伝は1つの遺伝座の遺伝による形式発現と伝達様式の原理ですから，**単一遺伝子(単因子)遺伝**とも呼ばれます．1つの遺伝子によって支配される遺伝形質を**メンデル形質**といいます．メンデル形質は，原則的には存在するかしないかの**悉無形質**で，非連続性です．つまり遺伝病を例にとると，罹患か非罹患の2種類しかありません．

単一遺伝子遺伝 1つの遺伝子で形質が支配される遺伝様式．

メンデル形質 メンデルの遺伝法則に従って伝達される遺伝形質．

悉無形質 ☞5頁

染色体上に表現型を決定する遺伝因子があるので，ヒトの体細胞内には1対(2個)，片方は母親から，もう一方は父親から受け継いだ遺伝因子があります．染色体1〜22番の常染色体上にあるか，X染色体，Y染色体にあるかで，常染色体遺伝，X連鎖遺伝，Y連鎖遺伝が区別できます．遺伝因子を2個もつことになりますので，どのような遺伝因子をもつかを表現する**遺伝型**は，2個の記号で表記されます．たとえば，疾患原因変異遺伝因子をM，もともとの配列の遺伝因子をWと表記すれば，1個体はM/M,

遺伝型 ☞9頁

W/M, W/W の3種類のいずれかの遺伝型になります．これらの遺伝型を構成している各要素，ここでは M と W を対立遺伝子(**アレル**，または**アリル**)と呼びます．遺伝因子と表現しましたが，アレルというのが正しく，ほぼ遺伝子と言い換えが可能です(87頁**コラム 10** 参照)．M/M と W/W は同じ性質(同じ表現型を規定する)のアレルが2個揃っている状態で，**ホモ接合**と呼びます．W/M は性質が異なるアレルが組み合わさった状態で，**ヘテロ接合**と呼びます．個体は，ホモ接合体・ヘテロ接合体と呼びます．**複合ヘテロ接合**は，野生型とは異なる2種類のアレルが父からと母から伝えられている状態のことをいいます．男性における性染色体上の遺伝子や染色体のモノソミー(部分欠失)のように，片方のアレルのみが存在し他方がない状態を**ヘミ接合**といい，アレルを双方とも失った状態を**ナリ接合**といいます(図22)．

アレル　☞9頁

ヒトの遺伝子数や遺伝形質は，日々更新されています．2019年初めには，表11のようになっており，ヒトの表現型との関連が明らかでない遺伝子や，逆に遺伝子が不明でも遺伝形質とみなされる表現型があります．

メンデルの遺伝法則の重要用語が，**優性**と**劣性**です．優性，劣性の言葉が優れている，劣っているという誤解を与えうるとして，遺伝用語として優性を**顕性**，劣性を**潜性**

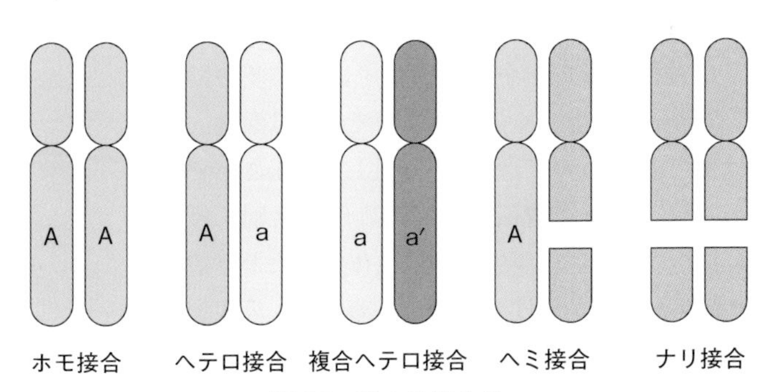

図22　種々の接合性

表 11　責任遺伝子が単離されたメンデル遺伝病とミトコンドリア遺伝病

	常染色体	X 連鎖	Y 連鎖	ミトコンドリア	合　計
(メンデル)形質の表現型と関係が明らかにされた遺伝子	4,994	327	4	33*	5,358
メンデル形質の表現型で責任遺伝子がまだ明らかにされていない遺伝子	1,451	124	4	0	1,579
メンデル形質が疑われる(責任単一遺伝子の存在が疑われる)遺伝子	1,656	105	3	0	1,764
他の遺伝子	15,150	729	49	35	15,963
合　計	23,251	1,285	60	68	24,664

*ミトコンドリアの遺伝子はメンデル形質を示さないが，ミトコンドリア遺伝子変異による疾患や表現型を参考のため表記している

(不顕性)と変更しようとする動きがあります．優性とは，ヘテロ接合体で現れる(表現型)ことです．ここでの大前提は，野生型アレルとの組合せで考えて，野生型ホモ接合体と比べて表現型が変わるかということです．野生型アレルと変異型アレルとのヘテロ接合体で疾患になったとすると，ヘテロ接合体で野生型ホモ接合体と異なる表現型になるので，この変異アレルは，優性の表現型を支配していることになります．つまりこの疾患は優性遺伝病という決め方になります．もし，ヘテロ接合体が非罹患者で，疾患アレルのホモ接合体が疾患になった場合には，この疾患は劣性遺伝病といいます．遺伝型を表すときの記号は，優性アレルを大文字，劣性アレルを小文字で表すことが多いです．ヘテロ接合体で表に出てくる特徴なので優性は顕性，劣性は表には出てこないので潜性(不顕性)ということです．常染色体遺伝・X 連鎖遺伝・Y 連鎖遺伝の区別，優性・劣性の区別で，常染色体優性・常染色体劣性などと遺伝様式の区分ができます．優性・劣性の決め方は，表現型からの決定であることをよく理解すべきです．家族性網膜芽細胞腫は，個体では *Rb* 遺伝子の片側アレルに変異が

野生型アレル　古くから存在したアレル．チンパンジーなどのもつアレルと比較することで決定される．疾患に限っていえば，罹患者でない大多数がもつアレルであるが，表現型によっては，少数派のアレルのこともある．

変異型アレル　野生型と異なる形質を支配するアレル．

あって，網膜芽細胞腫の易発症性が出現します．ですから易発症性は，優性遺伝と定義されます．しかし，実際の腫瘍細胞内では，両アレルが変異したこと［2段階仮説(2ヒット仮説)：もともと野生型だった片アレルに，体細胞変異が導入された］により腫瘍化しています．つまり，網膜芽細胞腫自体は劣性の形質です．このように遺伝形質の優劣の表現には注意を払う必要があり，その形式名称によってほとんどの特徴は推測できます．

B. 常染色体優性遺伝

a. 概念と一般原則

優性遺伝の特徴は，①ヘテロ接合体が発症，②罹患者は世代に連続して存在する，常染色体性ということで導ける特徴が，③罹患者の性比は1：1，常染色体優性遺伝の特徴が，④**分離比**が0.5，です(表12)．ヒトの遺伝病を考えるときは通常，健常者は野生型アレル/野生型アレルの遺伝型を想定します(88頁コラム11参照)．ですから，罹患者(w/MUT)と健常者(w/w)の婚姻からは，1/2が罹患(分離比＝0.5)と計算できます(図23)．特にヒト疾患では，変異アレルのホモ接合は一般に重症で，そもそも誕生しない場合が多いと考えられ，常染色体優性遺伝病の変異アレルホモ接合体の観察機会はほとんどありません．メンデルの実験では，遺伝型(MUT/w)と(MUT/MUT)は同

分離比　全子ども数に対する罹患子ども数の割合．

表12　常染色体優性遺伝病の一般原則

- 変異アレルと野生型(正常)アレルのヘテロ接合体が発症
- 変異遺伝子のホモ接合体は一般に重症
- 罹患者は世代から世代へと連続して存在(垂直・直接伝達)
- 罹患者の性比は1
- 分離比(再発率)は0.5．分離比を乱す因子を考慮すると，分離比は，親のいずれかがヘテロ接合である確率×0.5×浸透率と算出

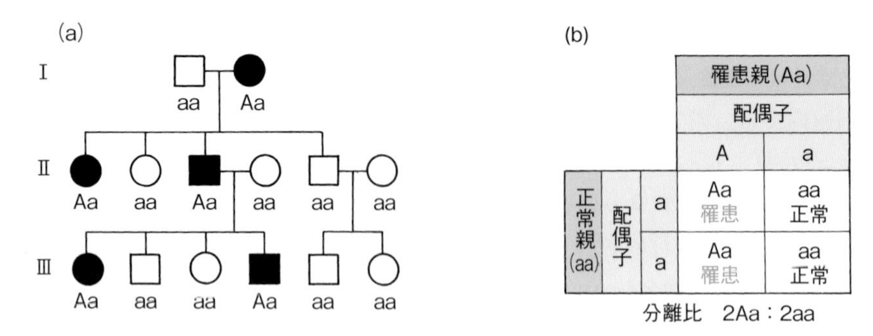

			罹患親(Aa)	
			配偶子	
			A	a
正常親(aa)	配偶子	a	Aa 罹患	aa 正常
		a	Aa 罹患	aa 正常

図 23　典型的な常染色体優性遺伝病の家系図(a)と分離比(b)

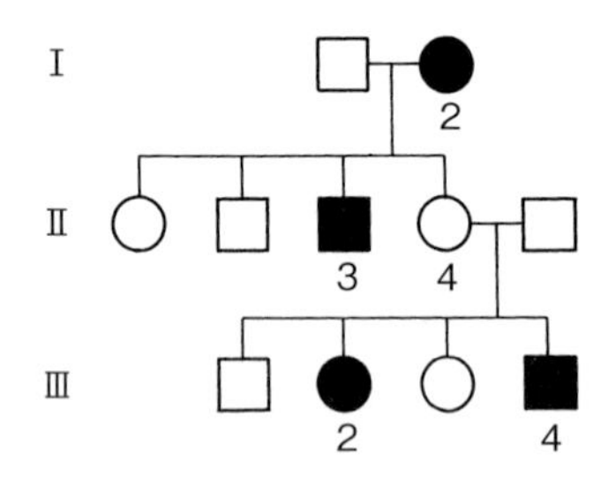

図 24　不完全浸透を示す常染色体優性遺伝形質の家系図
Ⅱ-4 は変異遺伝子をもちながら発病していない.

じ表現型ですが，ヒト疾患を対象にする場合はヘテロ接合とホモ接合の表現型が異なることが多く，ほとんどが不完全優性遺伝といえます．低比重リポタンパク欠損による家族性高コレステロール血症は不完全優性疾患の典型例です．

不完全優性遺伝　ヘテロ接合とホモ接合が異なる表現型になるときの遺伝形式．ホモ接合体が臨床的には重症となる．

b.　常染色体優性遺伝病発症に影響する因子

(1) 浸透率と表現度の差異

常染色体優性遺伝病の家系ではしばしば原則が崩れます．図 24 に示す家系図では病的形質の世代飛び越しがみられます．Ⅲ-2 とⅢ-4 は罹患者ですから，変異アレルはⅡ-4 を通じて伝達されたはずです．しかし，Ⅱ-4 は非罹患です．このような現象を不完全浸透と呼びます．一方，同じ家系内でも罹患者の症状に軽重のみられることがあ

不完全浸透　変異遺伝子をもちながら発症しないこと．

り，表現度の差異といいます．

表現度　形質の軽重．

(2) 生殖適応度と突然変異

一般に，常染色体優性遺伝病の家系には複数の罹患者がいます．このような罹患者のことを家族例といい，罹患者がただ1人のとき散発例（孤発例）と呼びます．特定の遺伝型をもつ個体が生涯に残すことのできる子どもの数を生殖適応度と定義しますが，散発例はその疾患が遺伝的に致死的であったり，生殖適応度が非常に低い場合に多くみられ，罹患者のほとんどは親の生殖細胞で起こる新生突然変異に由来します．もちろん，突然変異は毎世代発生していますので，生殖適応度の高い疾患でも散発例としても発生します．

家族例　1家族に複数の罹患者がいること．

散発例　1家族にただ1人しか罹患者がいないこと．

生殖適応度　子孫を残せるか否かの尺度．

(3) 性腺モザイク

正常表現型の親から複数の罹患者が生まれるとき，親の不完全浸透，または親の性腺モザイクを考慮しなければなりません．性腺モザイクとは，配偶子形成細胞に変異を有する細胞と有さない細胞が混在している状態（モザイク）です．通常，遺伝学的検査は血液中の白血球，皮膚，唾液，爪などを用いて検査しますが，これらの検査対象細胞には変異が検出されず，配偶子形成細胞にだけ変異が存在するときには，複数の罹患者が生まれて初めて性腺モザイクと推定できる場合があります．したがって，新生変異による散発発生例と思われる場合でも，通常は性腺細胞を検査しているわけではないので，性腺モザイクは遺伝カウンセリング時に常に考慮する必要があります．親の配偶子形成時の新生変異による散発発生に比較して，圧倒的に次子の再発率が高まるからです．

性腺モザイク　生殖細胞系がモザイクとなること．☞48頁

(4) 遺伝的表現促進

優性遺伝病の中には世代が下がるにつれて発症年齢が早く，より重症化するものがあります．この現象を遺伝的表現促進といい，ハンチントン病や筋強直性ジストロフィー

遺伝的表現促進　世代が進むと発症年齢が早まり，より重症化する遺伝現象．

などの家族でみられます(図 25). この現象のみられる疾患は, トリプレットリピートの伸長と関係があることが示されています. 反復数が多いほど発症年齢が低く, 重症化

トリプレットリピート(3塩基反復)の伸長　3つの塩基単位(トリプレット)が増加すること.

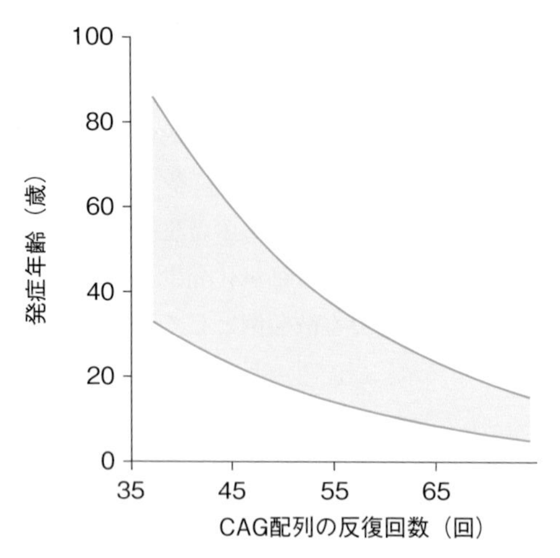

図 25　ハンチントン病患者における反復配列の長さと発症年齢

表 13　トリプレットリピート病

疾　患	遺伝子	位　置	トリプレット	正常反復数	患者反復数	表現促進	遺伝形式	遺伝子産物
歯状核赤核淡蒼球ルイ体萎縮症	*DRPLA*	12p13	CAG	7～23	49～75	P	AD	アトロフィン-1
ハンチントン病	*IT15*	4p16.3	CAG	11～34	37～86	P	AD	ハンチンチン
脊髄小脳失調症 I 型	*SCA1*	6p22-p23	CAG	23～36	43～81	P	AD	アタキシン-1
球脊髄性筋萎縮症	*AR*	Xq11-q12	CAG	17～26	40～52		XLD	アンドロゲン受容体
マシャド・ジョセフ病	*MJD*	14q32.1	CAG	13～36	68～79		AD	
脆弱 X 症候群	*FRAXA*	Xq27.3	CGG	6～54	> 200	M	XLR	RNA 結合タンパク
	FRAXE	Xq27-q28	CGG	6～25	> 200		XLR	
筋緊張性ジストロフィー	*DM*	19q13.3	CTG	5～27	> 200	M	AD	タンパクキナーゼ
フリードライヒ失調症	*FAT*	9q13	GAA	7～22	> 200		AR	フラタキシン

P と M はおのおの, 変異アレルが父, 母由来のとき. AD：常染色体優性, AR：常染色体劣性, XLD：X 連鎖優性, XLR：X 連鎖劣性

する傾向があります．表13に示すように，トリプレットリピート病各疾患が発症するリピート数の閾値は，それぞれ異なっており，またリピートの存在場所もコード領域，イントロン，UTRと様々です．

トリプレットリピート病　トリプレットリピートの伸長が発症原因となる疾患．

(5) 表現型の差異

常染色体優性遺伝形質は原則的には男女両性に同率に発現します．しかし，罹患者の性が一方に偏ることがあります．壮年性脱毛(髪)症はほとんど男性のみにみられます．性ホルモンが発症に複雑に関与していると考えられます．このようないずれかの性に偏ってみられる形質の遺伝を**従性遺伝**といいます．遺伝子がX連鎖性でなく常染色体性であるとする理由は，**男→男伝達**(父親のX染色体は息子へ伝わらない)があるためです．

従性遺伝　形質発現に性差がみられる常染色体性遺伝．

男→男伝達　父から息子への遺伝．伝達される染色体は常染色体とY染色体なので，X連鎖遺伝は否定される．

(6) 共優性遺伝

ABO血液型は常染色体優性遺伝形式で伝達されます．A型はO型に対して，B型はO型に対して優性ですが，A型とB型間には優劣(顕潜)の関係はなく，それぞれ両形質がともに発現します．このようにアレル双方の形質がともに発現することを**共優性遺伝**といいます．

共優性遺伝　1対のアレルがともに別の表現型を現す遺伝．

(7) 遺伝的異質性

個体レベルでは同一の疾患のようにみえても，遺伝座(原因遺伝子)が異なることがあり，**座位異質性**といいます．遺伝子診断法の発達とともに，ヌーナン症候群，コステロ症候群などの先天奇形症候群や一部の骨系統疾患でみられるようになりました．また，同一疾患で，同一遺伝子内でも変異塩基の場所，種類が異なるとき**アレル異質性**といいます．ある種の遺伝病では典型的な症状を示す患者と，そうでない患者がいます．非典型例(不全型)の場合，1つの疾患の広い範囲内に入るのか別種の疾患なのかを臨床的に区別するのは困難なことがあり，非典型例をサブタイプに分けることもよく行われます．これを**臨床的異質性**

座位異質性　臨床的には区別が困難だが，原因となる遺伝子が異なる疾患．

アレル異質性　同一疾患でも，遺伝子内の変異塩基の場所や種類が異なること．

臨床的異質性　臨床的になんらかの区別が可能な疾患．遺伝的には同質かもしれない．

と呼びますが，責任遺伝子が同定され遺伝的異質性が明らかにされるまでの便宜的分類だと考えてよいと思います．

(8) 創始者（入植者）効果

ある集団だけに1つの遺伝病が多発することがあります．特に遺伝的隔離集団（後述）ではこのようなことが起きます．たとえば，南アフリカの白人の大部分は，17世紀にオランダから入植した二十数人の子孫であり，この集団にハンチントン病が多く，それは入植者の1人が未発症ヘテロ接合体だったからだと考えられています．

創始者（入植者）効果　ある集団の最初の1人がもつ変異遺伝子が子孫集団中に広がること．☞71頁

遺伝的隔離集団　長い間，ほかの集団と交雑しなかった集団．

C. 常染色体劣性遺伝

a. 概念と一般原則

劣性遺伝の特徴は，①ホモ接合体（mut/mut）が発症，②罹患者は同胞発生するが親・子・孫血縁者にみられない，③変異アレルのヘテロ接合（W/mut）は非罹患で保因

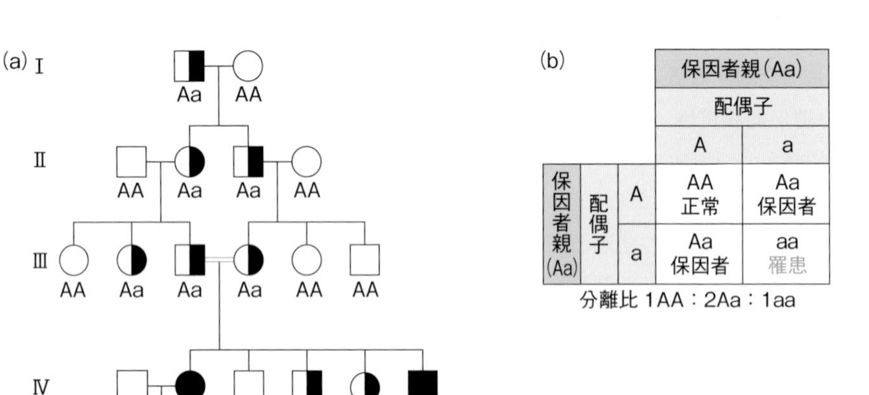

			保因者親(Aa)	
			配偶子	
			A	a
保因者親(Aa)	配偶子	A	AA 正常	Aa 保因者
		a	Aa 保因者	aa 罹患

分離比 1AA：2Aa：1aa

図26　常染色体劣性遺伝病の家系図(a)と分離比(b)

者，④親は絶対保因者，⑤両親は血族婚のことが多い，常染色体性から導ける特徴が，⑥罹患者の性比は1：1（図26，表14），常染色体劣性遺伝の特徴が，⑦分離比が0.25，です（図26）．⑦の性質は，保因者同士の婚姻を想定しての値です．患者と保因者間の婚姻の場合は，分離比0.5［準（疑似）優性遺伝］となり，家系図上では一見，常染色体優性遺伝のようにみえます（図27）．

保因者 ☞47頁

表14　常染色体劣性遺伝病の一般原則

- 変異アレル a のホモ接合体 aa が発症
- 罹患者の性比は 1
- ヘテロ接合体 Aa は非罹患だが保因者
- 罹患者は同胞発生することがあり，親・子・孫血縁者に罹患者はみられない
- 罹患者の両親はともにヘテロ接合体 Aa
- 両親は血族婚のことが多い
- 分離比は 0.25

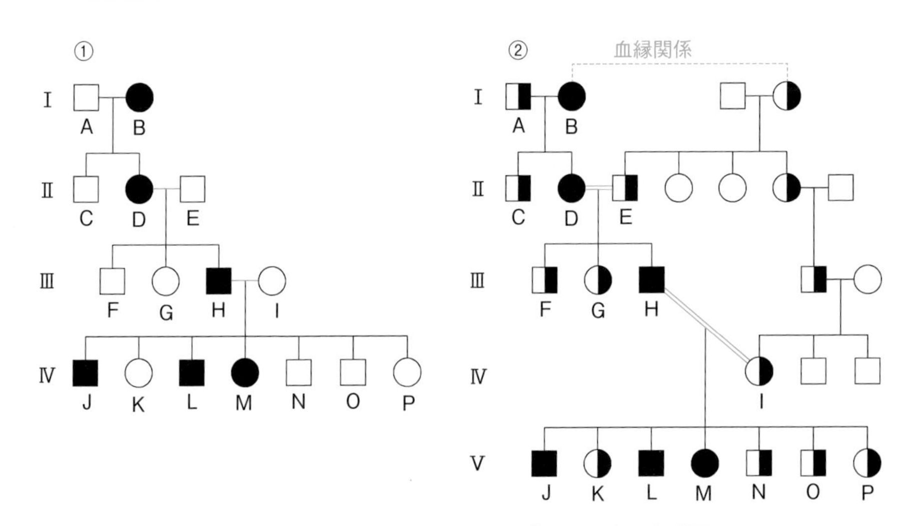

図27　準優性遺伝を示すアルカプトン尿症の家系図

①はあたかも優性遺伝病のようにみえるが，実際は②のように血族婚があった．しかし，J，L，Mこれらの患者がもし他人と結婚したときには，子どもはすべて非罹患となる．

b. 常染色体劣性遺伝病発症に影響する因子

(1) 近親婚

近親性は，近交係数(F)で表されます．近交係数は，ホモ接合体が，ある遺伝座の両方のアレルを同一の祖先から受け継ぐ確率です．白皮症を例にとると，一般集団での白皮症患者頻度は，1/40,000 ですので，疾患アレル頻度は約 1/200 です(第Ⅵ章参照)．いとこ婚で生まれる子の近交係数 F＝1/16 なので(図 28)，いとこ婚によって白皮症が発症する確率は $(1-F)\times(1/200)^2+F\times(1/200)\fallingdotseq 1/3{,}200$ です．1/40,000 から 1/3,200 へと 12.5 倍発症確率が増加します．計算上，劣性遺伝病がまれであればあるほど，近親婚で発症する患者が目立つことになります．わが国の近

近交係数　ホモ接合体が，ある遺伝座の両方のアレルを同一の祖先から受け継ぐ確率．

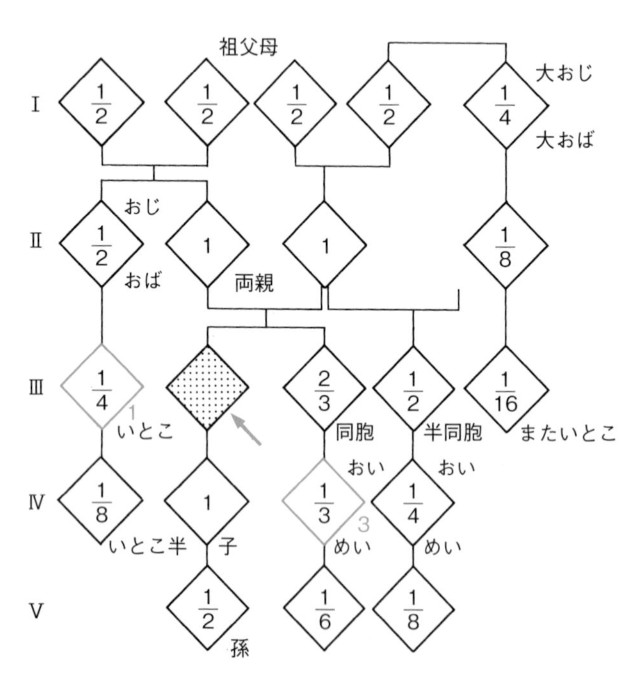

図 28　常染色体劣性遺伝病患者の血縁者が保因者である確率

患者(矢印)の血縁者，たとえばⅢ-1 とⅣ-3 が結婚(血族婚)すると，その子どもが発症する確率は 1/4×1/3×1/4 で 1/48 である．同胞 2/3 の理由は，付録「ベイズ推定法」参照．

親婚率は第2次大戦以後急速に減少し，1975年の調査ではいとこ婚率は2.13％でした．1983年に行われた6地域の調査ではさらに減少し(1.6％)，急速に欧米のそれに近づいています．それ以降の調査はないのですが，最近はもっと減少したと思います．患者の両親は保因者と考えてよいですから，両親の血縁者は保因者である確率が高いことになります(図28)．

(2) 遺伝的隔離と創始者効果

まれな劣性遺伝病は**遺伝的隔離集団**中に多発することがあります．本質的には近親婚と同じ効果といえます．北米のアシュケナージユダヤ人中には，他の集団にはまれなテイ・サックス病やブルーム症候群が頻発します．これは，ユダヤ人の多くの結婚がユダヤ人同士で行われていることに起因します．わが国の遺伝的隔離集団は離島や山間部集落などにみられます．遺伝的隔離は地形的な理由のほか，政治・宗教・信条的に逆隔離をすることによっても起こります．近年ではアメリカのアーミシュ(宗教的隔離)や，カナダのケベック州のフランス系住民(政治的隔離)，中国南部の客家(はっか)などがその好例です．**創始者効果**は遺伝的隔離集団でみられることがあります．わが国のある集落ではバルデー・ビードル症候群患者が多発しますし，自己炎症疾患の中条・西村症候群にも創始者効果がみられます．創始者効果は，原因遺伝子ゲノム座位の周辺部のDNA多型ハプロタイプを確認することで実証されます．

(3) 遺伝的複合

遺伝的複合　ある遺伝子に関して異なる変異アレルを同時にもつ状態．

ある遺伝子内に異なる変異アレルがあった場合，野生型アレルW，変異型アレルa1，変異型アレルa2，の3種類のアレルから(a1，a2)の異なる変異アレルを同時にもつ状態，つまり遺伝的複合の状態が起こりえます．その(a1，a2)**複合ヘテロ接合体**は，野生型アレルをもたず変異アレルだけをもっていますので，劣性遺伝病を発症します(図

29)．アレル異質性がある疾患の複合ヘテロ接合を図29に示します．黒がα-L-イズロニダーゼ(IDUA)遺伝子のハーラー症候群疾患アレル，斜線がシャイエ症候群変異アレルです．両疾患とも同じ遺伝子の変異が原因となっていて，疾患分類が異なっているので，両疾患をアレリックな疾患といいます．

(4)座位異質性と相補性

色素性乾皮症は紫外線過敏性皮膚と悪性腫瘍を特徴とし，**座位異質性**を示す一群の疾患です．臨床的に同一あるいはきわめて類似した症状のA〜G群とV群の8群が含まれます．これらの疾患は，遺伝座が異なる(つまり原因遺伝子が異なる)疾患群で，A群はXPA (9q34.1)が原因，B群はERCC3 (2q21)が原因の常染色体劣性遺伝病です．A群とB群は座位異質性を示します．これらの疾患患者から樹立された細胞は，2遺伝座の遺伝型は(aa/BB)と(AA/bb)と表すことができ，両細胞とも紫外線感受性を示します．両細胞を融合させて4倍体細胞を作成すると，(AAaa/BBbb)の**二重ヘテロ接合**となり，XPAの野生型遺伝子もERCC3の野生型遺伝子も存在するので，融合細胞は放射線抵抗性を獲得し相補性を示します．このような，**相補性**の試験から色素性乾皮症は，A〜G群とV群の

二重ヘテロ接合　A遺伝子とB遺伝子に関しておのおのがヘテロ接合(AAaaとBBbb)になっている状態．A遺伝座とB遺伝座とするのが元来の意味であるが，分子遺伝学が進歩して1遺伝座は1塩基ともいえるため，遺伝的複合とも区別するためにもA遺伝子とB遺伝子とした．

相補性　互いの性質を補い合って形質上，双方の異常形質が正常化すること．これは融合細胞が二重ヘテロ接合になるからである．

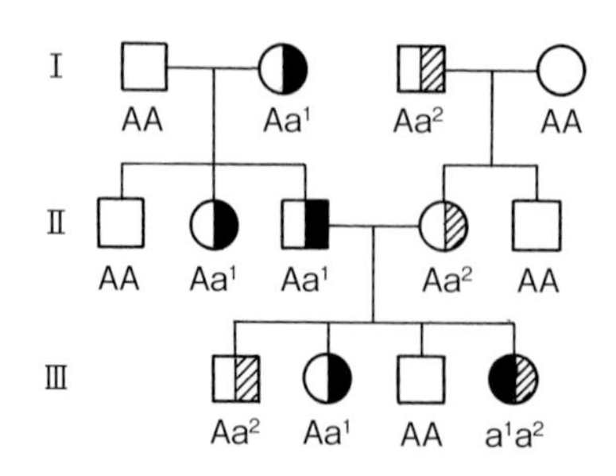

図29　遺伝的複合を示す家系図

変異遺伝子a1とa2は同一座にある．双方のヘテロ接合体a1 a2 (遺伝的複合体)はa1 a1のホモ接合体およびa2 a2のホモ接合体の症状の中間型をとることがある．

8群に分類されました．現在では，すべての群の原因遺伝子が判明しています．逆に，相補性を示すときには，原因となっている遺伝子が別の遺伝座にあり，座位異質性があるといえます(図30)．

(5) 片親性ダイソミー

常染色体劣性遺伝病が発症するとき，2個の変異アレルを受け継ぐ機序の特殊例として，相同染色体2本ともに片親に由来することがあり，**片親性ダイソミー(UPD)**といいます．片親がヘテロ接合(Aa)で，子が片親のaの染色体を2本とも受け継ぎ，もう片親からは野生型Aアレルを受け継がない場合に，子がaaホモ接合となります(図31)．膵嚢胞線維症，無痛無汗症，全色盲，3M症候群などで確認されています．UPDはまれな現象ですから原則的に孤発例です．受精時のトリソミーを回避し，野生型ア

片親性ダイソミー　片親から2個のアレルを受け継いだ状態．

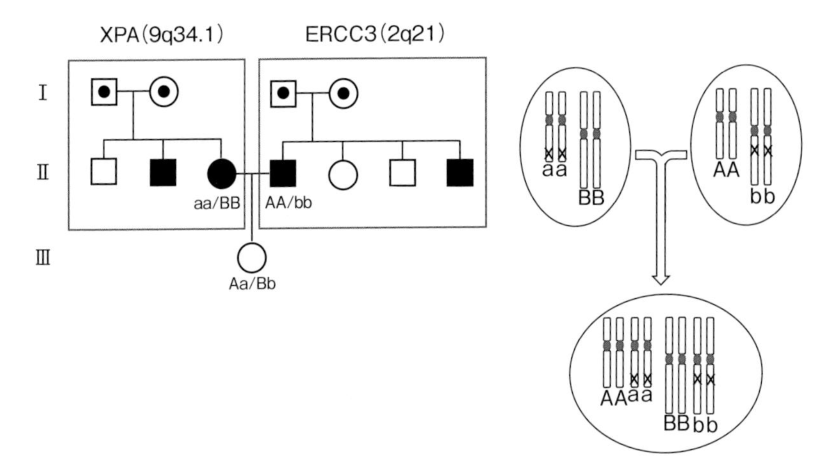

図30　遺伝的異質性(a)，細胞融合による相補性試験(b)

(a) 色素性乾皮症は常染色体劣性遺伝性疾患であるが，原因遺伝子は8種類知られている．そのうちのXPAは9番染色体に，ERCC3は2番染色体に位置する．したがって患者同士，または保因者同士の結婚においても子どもには発症することはない．(b) このことは患者から採取した細胞の融合実験でも確かめられている．

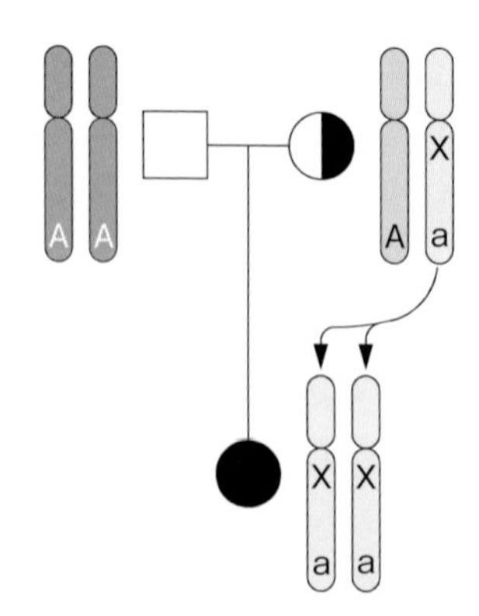

図 31　膵嚢胞線維症患者における 7 番染色体の母性 UPD

レルの染色体を欠失させた結果と考えられています.

D. X 連鎖優性遺伝

a. 概念と一般原則

X 染色体に関し，女性はダイソミー，男性はモノソミー，X 染色体は母親から息子には等確率で 1 本伝達される，父親から息子には伝達されず娘には必ず伝達されるという基本事項が重要です(図 32，表 15)．それをふまえた特徴が，①女性は変異アレルヘテロ接合体およびホモ接合体が発症，男性は変異アレルヘミ接合体(変異アレルをもてば必ず)で発症，②変異アレルヘテロ接合女性の子どもにおける分離比は 0.5，③変異アレルホモ接合女性の子はすべて発症，④変異アレルヘミ接合男性の娘は全員発症，息子は全員非罹患，優性なので，⑤罹患者は世代に連続して存在する，⑥変異アレルヘテロ接合女性とヘミ接合男性は重症度に差がある可能性がある，です.

(1) X 連鎖優性遺伝病の表現型の性差

一般に，X 連鎖優性遺伝病の罹患男性の症状は罹患女性より重症で，中間遺伝のようにみえます．この理由は X

X 染色体不活化 ☞ 52 頁

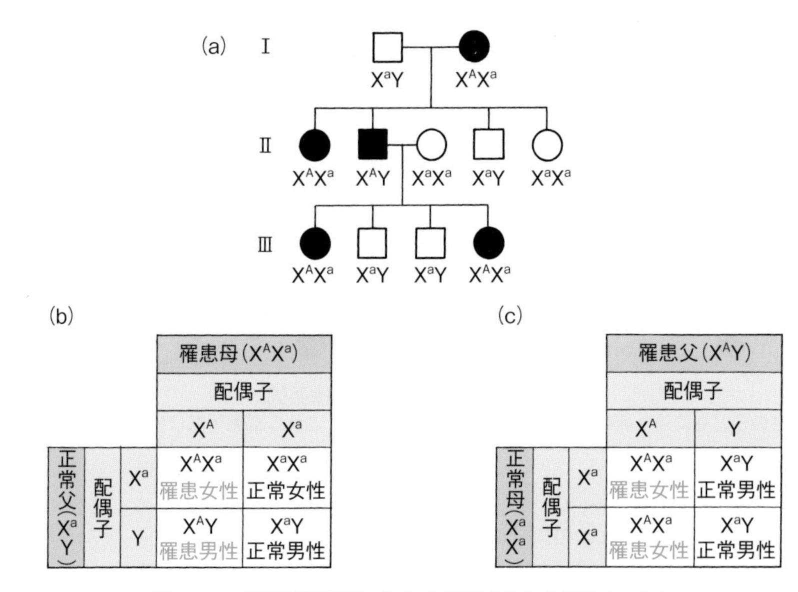

(b)

			罹患母(X^AX^a)	
			配偶子	
			X^A	X^a
正常父(X^aY)	配偶子	X^a	X^AX^a 罹患女性	X^aX^a 正常女性
		Y	X^AY 罹患男性	X^aY 正常男性

(c)

			罹患父(X^AY)	
			配偶子	
			X^A	Y
正常母(X^aX^a)	配偶子	X^a	X^AX^a 罹患女性	X^aY 正常男性
		X^a	X^AX^a 罹患女性	X^aY 正常男性

図 32　X 連鎖優性遺伝病の家系図(a)と分離(b)，(c)

表 15　X 連鎖優性遺伝病の一般原則

- 変異遺伝子は X 染色体上に局在
- 変異アレルのホモ接合体・ヘテロ接合体(女性)およびヘミ接合体(男性)が発症
- 変異アレルのヘテロ接合女性の子どもにおける分離比は 0.5
- 変異アレルのホモ接合女性の子どもはすべて発症(分離比は 1)
- 変異アレルのヘミ接合男性の娘は全員発症するが，息子は発症しない(分離比は 0.5)

染色体不活化機構(Ⅲ-D 参照)で説明されます．ゴルツ症候群のように，女性だけにみられかつ非常に重症な X 連鎖優性遺伝病では，患者はほぼすべて新生突然変異体と考えてよいのです．変異アレルのヘミ接合男児がすべて致死になり，生存できる罹患者はヘテロ接合女性のみになる効果を示す変異遺伝子があります．その結果，患者はすべて女性です(図 33)(88 頁コラム 12 参照)．ときに 2～3 世代にわたり女性系列のみで遺伝します．妊娠した女性患者はしばしば流・死産を繰り返し，生存子どもの性比は，罹患・非罹患を無視すれば女 2：男 1 となります(罹患女児

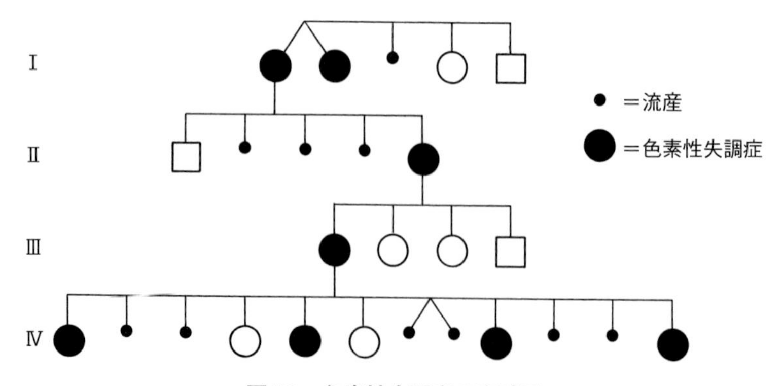

図 33 色素性失調症の家系図

罹患女性の子どもに流・死産が多く，生産児は女児が多い．これは罹患男児は死亡するためである．

1：非罹患女児 1：非罹患男児 1)．この遺伝病の例として色素性失調症が知られています．

(2) 偽常染色体遺伝

X 染色体と Y 染色体の短腕と長腕の末端部の DNA 塩基配列は相同であり，かつそこに存在する遺伝子は X 染色体不活化を免れます(図 34)．第 1 減数分裂時の染色体接合のとき同部は接合・交叉し，遺伝子組換えが起こります．この領域を**偽常染色体領域(PAR)**と呼びます．PAR に存在する遺伝子の遺伝は常染色体遺伝と同じようにふるまうので，偽常染色体遺伝といいます．PAR1 (Yp11，Xp22)に少なくとも 16 個のタンパクコード遺伝子，5 個の lncRNA，2 個の miRNA，2 個の偽遺伝子，PAR2 (Yq12，Xq28)に 3 個のタンパクコード遺伝子，6 個の偽遺伝子，1 個の lncRNA が同定されています．特に PAR1 に位置する *SHOX* 遺伝子の欠失や変異は，低身長になることが知られています．

偽常染色体領域(PAR) X 染色体と Y 染色体上で相同配列が存在している領域．ここに存在する遺伝子は 1 対のアレルからなるので，常染色体と同様の遺伝形式で伝達される．

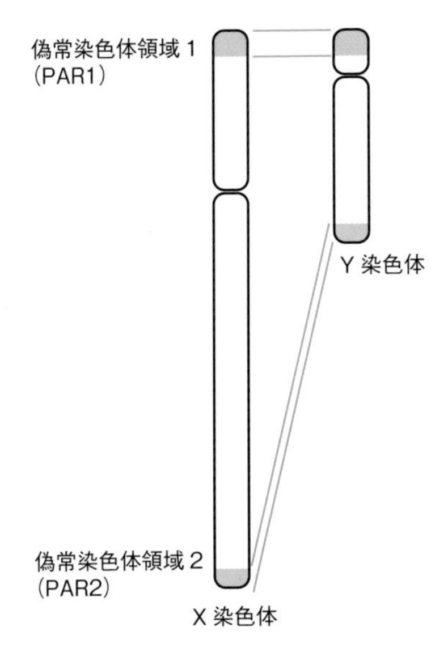

図 34　X 染色体と Y 染色体の偽常染色体領域

E. X 連鎖劣性遺伝

a. 概念と一般原則

X 染色体伝達の基本事項から，①女性では変異アレルホモ接合体が発症，②女性の変異アレルヘテロ接合体は原則的に無症状(保因者)，③男性はヘミ接合体であるから変異アレルをもてば発症，④男性患者の娘は全員無症状(全員保因者)で息子は全員変異アレルをもたない(分離比は 0)，⑤女性ヘテロ接合患者の娘は全員無症状(ただし，半数が保因者で半数が変異アレルをもたない)，息子は半数が罹患(分離比は男女合算すれば 0.25，娘に限れば 0，息子に限れば 0.5)といった特徴があります(表 16，図 35)．つまり男性の X 染色体および Y 染色体上にあるこれらの遺伝子は優性・劣性のいかんにかかわらず，すべて形質を発現します．この概念は原則であって，X 染色体の不活化(後述)のため，この通りにならないことがあります．一般

表 16　X 連鎖劣性遺伝病の一般原則

- 変異遺伝子は X 染色体上に局在
- 変異アレルのヘミ接合体(男性)のみが発症
- 変異アレルのヘテロ接合女性は原則的に無症状(保因者)だが，ホモ接合女性(まれ)は発症
- 罹患男性の娘は全員保因者で息子は全員非罹患(分離比は 0)
- 保因者女性の息子の半数が罹患，娘の半数が保因者(分離比は全体として 0.25)

(a)

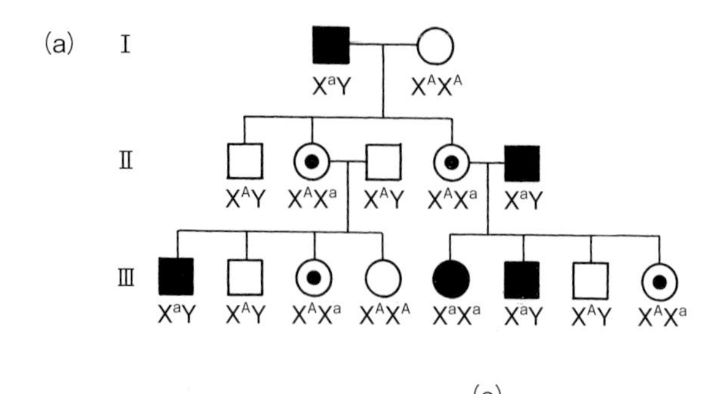

(b)

			罹患父(X^aY)	
			配偶子	
			X^a	Y
正常母(X^AX^A)	配偶子	X^A	X^AX^a 保因者女性	X^AY 正常男性
		X^A	X^AX^a 保因者女性	X^AY 正常男性

(c)

			正常父(X^AY)	
			配偶子	
			X^A	Y
保因者母(X^AX^a)	配偶子	X^A	X^AX^A 正常女性	X^AY 正常男性
		X^a	X^AX^a 保因者女性	X^aY 罹患男性

図 35　X 連鎖劣性遺伝病の家系図(a)と分離(b)，(c)

的に変異アレル(X_{mut})は女性保因者を通じて何世代も保存されますが，ときに新生突然変異体が出現します．X 連鎖劣性の形質として同定された最初のものは 1911 年の赤緑色覚異常です．ほぼ同じころに，血友病 A が X 染色体にマップされました．英国王室のビクトリア女王に始まる血友病 A の遺伝は有名で，この家系につながるロシア皇室のアレクセイ皇太子が罹患し，これがロシア革命の遠因ともいわれています(図 36)．

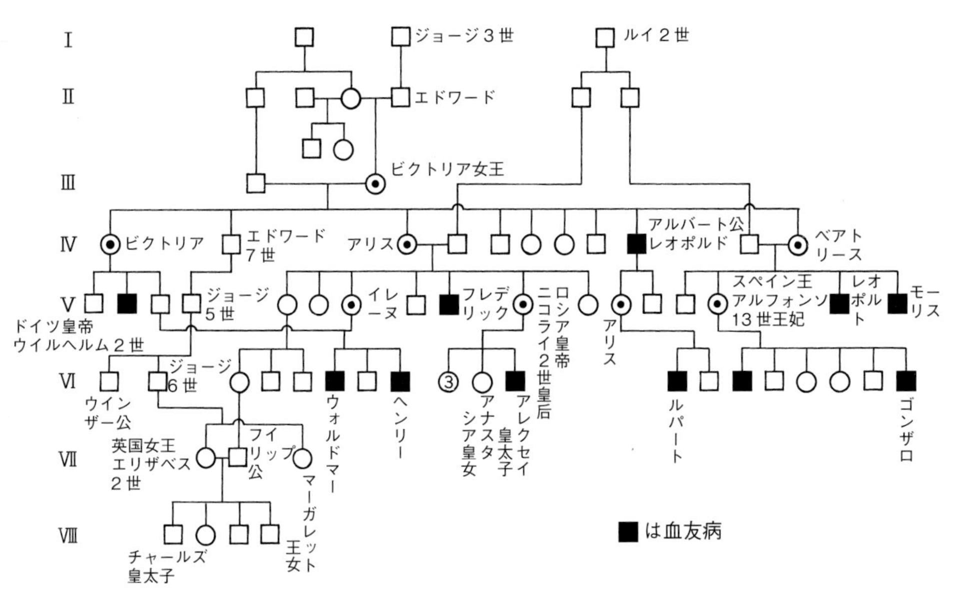

図 36　ビクトリア女王とヨーロッパ王室の家系図

b. X 連鎖劣性遺伝病発症に影響する因子——女性発症機序

(1) 血族婚

まれにホモ接合の罹患女性($X_{mut}X_{mut}$)がいます．血友病やデュシェンヌ型筋ジストロフィーで知られています(図37)．ホモ接合女性は罹患父($X_{mut}Y$)と保因者母($X_{WT}X_{mut}$)の娘ですが，この組合せは主として近親婚や遺伝的隔離集団中にみられます．比較的頻度の高い疾患では近親婚による場合でなくともありえます．

(2) 欠失

遺伝病発症の機序として欠失が考えられます．X 染色体の場合には，X 染色体異常症として X 染色体モノソミー(ターナー症候群)があり，X 連鎖劣性遺伝病の発症機序の 1 つです．他の遺伝形式と同様に，染色体部分欠失も考えられます．

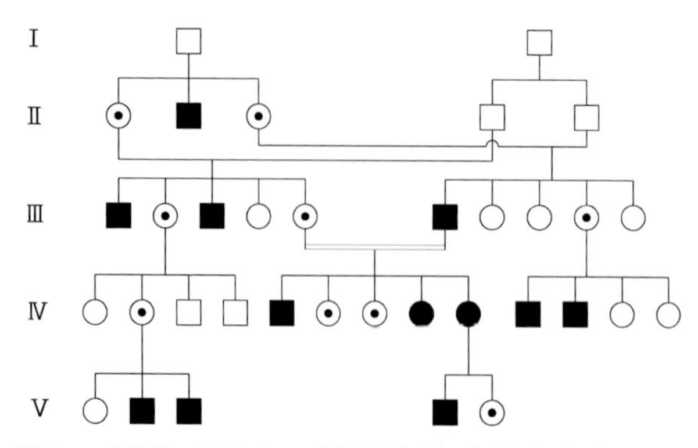

図 37　血族婚で生じた X 連鎖劣性遺伝病(血友病 A)の女性

(3) X 染色体不活化

女性は 1 対の X 染色体をもつのに対して男性では 1 本しかありません．X 染色体上には，細胞の維持や知能に関する多数の遺伝子がありますが，Y 染色体上の遺伝子数は精子の形成にかかわる遺伝子などごく少数です(X 連鎖遺伝子数 729，Y 連鎖遺伝子数 49)．したがって，女性がもつ遺伝子量は男性よりも多いことになります．生物として生存・活動するのに女性の方が有利だと考えられ，平均寿命やストレス抵抗性が女性優位なのは男女間の X 連鎖遺伝子量の差を反映しているように思われます．しかし哺乳類では，X 連鎖遺伝子の大多数は雌雄間で差が最小となるように補正されています．女性の 2 本の X 染色体のうち 1 本は不活化され，遺伝子も不活性です．不活化は胎生初期に起こり，父母由来 X 染色体のいずれが不活化されるかは細胞ごとに異なります．つまり X 染色体不活化はランダムに起き，確率的にいえば 50％の体細胞中では父由来 X が，残りの細胞は母由来 X 染色体が不活化されます(図 38)．この仮説を発見者の名をとってライオンの仮説といい，この現象をライオニゼーションと呼びます(Ⅲ–D 参照)．血友病患者の母(保因者)の第 8 因子活性は，理論的

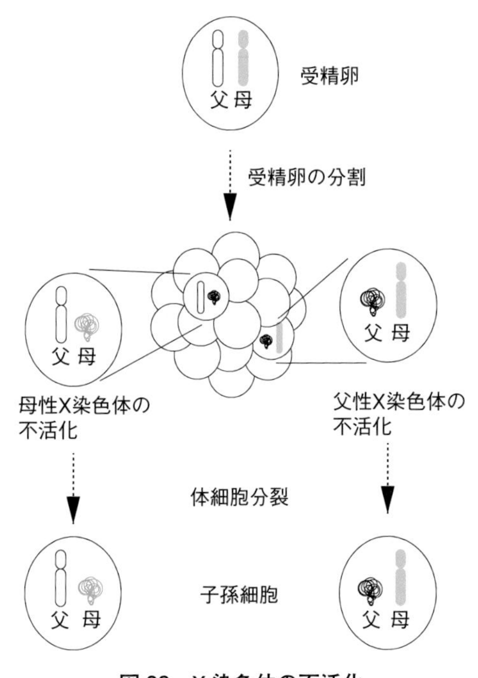

図 38　X 染色体の不活化

には正常個体の 50%です．これは，1 個の細胞が正常量の第 8 因子を産生するか，まったく産生しないかのいずれかのためです．したがって，個体レベルでは，平均して 50%量の第 8 因子をもつことになります(ちなみに，第 8 因子の血中濃度が 8%以下になると出血が起きますが，保因者のように 50%あれば出血しないのです)．X 染色体不活化はランダムですが，ときに，どちらかの親由来の X 染色体が優位に不活化されてしまい，個体レベルでは 50%にならないことも起きます．これが女性における様々な X 連鎖遺伝形質の主たる原因と考えられています．すなわち，血友病女性保因者の第 8 因子活性は数～100%までの幅があり，一定していません．X 染色体不活化は完全ではなく，Xg 血液型遺伝子やステロイドサルファターゼ遺伝子のように不活化を免れる遺伝子もあります．

F．Y 連鎖遺伝

Y 染色体上にも遺伝子があります．X 染色体と相同でない領域の遺伝子について男性はヘミ接合なので，すべて形質を発現します．表 17 に Y 連鎖形質の一般原則を記します．Y 連鎖形質は男→男伝達されますが，常染色体優性遺伝と異なるのは，**限男性遺伝**の点です．Y 連鎖形質の典型は**雄性**や無精子症や Y 連鎖色素性網膜症です．X 染色体数に関係なく，Y 染色体が 1 本でも存在すると，個体の表現型は男となります．雄性を第 1 次的に決定しているのは精巣決定因子（TDF）で，その遺伝子は Y 染色体短腕に存在する *SRY* です．このほか，Y 染色体上には計 49 個の遺伝子が知られています．

限男性遺伝　男性のみに現れる形質の遺伝．

雄性　男性としての形質．

G．遺伝型から表現型へ（遺伝子産物としてのタンパクと疾患発症の関係）

メンデル遺伝形質では，1 つの遺伝座の 2 つのアレルまたは 1 つのアレルの欠失や変異により，罹患したり保因者になることを家系図からみてきました．それでは，実際個々の遺伝子変異は，どのような分子機構で表現型に影響を与えるのかをみていきましょう．

私達の身体は一見変化がないようにみえますが，細胞レベルでは常に動的に活動していて，動的な平衡状態を保っています．生命活動の根源になる分子のうちで，もっとも

表 17　Y 連鎖形質の一般原則

- 遺伝子は Y 染色体上に局在
- 遺伝子は父から息子へ直接伝達し，娘へは伝わらない

重要なのは種々のタンパク(ポリペプチド)です．DNAには様々な変異が存在していますが，最終的にはタンパクの質的変化・量的変化をもたらしたり，まったく影響なかったりと種々の影響が考えられます．遺伝子産物であるタンパクには次のようなものがあります．主として細胞・組織・器官の形態を保持する構造タンパク，特定の分子・物質の輸送を行う結合タンパク，物質代謝を触媒する各種の酵素，身体の機能を調節するホルモン，細胞外から内への情報伝達に関与する受容体タンパクやシグナル伝達タンパク，細胞膜にあって細胞内から外へ分子を移送させる輸送タンパク(トランスポーター)，免疫を担当する免疫抗体，器官発生や細胞分化を誘導するタンパク，転写を調節する転写因子など多数の種類が存在します．遺伝子変異はポリペプチドのアミノ酸残基の変化や発現量の変化を起こし，ひいてはある種の遺伝性疾患の原因となるのです．

遺伝子に生じた変異アレルによって，正常タンパクが①タンパクとしての機能を失う～低下する，②新たな(異常な)機能を獲得する，③正常タンパクの機能を阻害する，④遺伝子産物の過剰，⑤組織に蓄積して組織を傷害する，あるいは発現制御部位の変異で，⑥本来の発現場所・発現時期に発現できないなど，様々なことが疾患発症の機序として考えられます．

a. 機能喪失変異

タンパクとしての機能を失うことにより疾患発症するタイプです．ただし，機能喪失は，**短縮型変異**などのようにほとんど機能がなくなる場合から，ミスセンス変異で活性が一部低下するまで幅広く想定されます．結果的には，必要量が足りないので発症するタイプです．代表的な例は，酵素欠損による代謝異常症で，大部分は劣性遺伝形式をとります．これらの疾患は，体内物質の代謝過程の触媒酵素

短縮型変異　タンパク翻訳が本来の終止部より早く終止する型の変異の総称．

の欠損により，代謝中間物質が溜まったり，生成物がつくられなかったりして様々な障害を起こすことになります．基本的に患者細胞は，代謝酵素活性がほぼ0，保因者は活性が50％です．逆にいえば本機序で劣性疾患となる場合には，活性が50％であればまったく健常になります．常染色体優性遺伝病でも，ソトス症候群は機能喪失型の発症機序と考えられます．ソトス症候群はゲノム病の一種ですが，片側アレルがなくなるだけで疾患を発症し（ハプロ不全と呼びます），一連のゲノム病で欠失によって発症する疾患はハプロ不全が原因と考えられます．つまり，遺伝子量あるいは遺伝子産物量の量的効果の結果異常が起こるのです．ハプロ不全による常染色体優性遺伝の疾患では，正常のタンパクだけが発現していますが，発現量が理論的に半分になり発症します．ヒポキサンチングアニンホスホリボシールトランスフェラーゼ（HPRT）の活性低下による代謝疾患の1つであるレッシュ・ナイハン症候群は，酵素活性がほとんど欠損した状態ですが，変異アレルによっては中間の酵素活性を示す場合があり，痛風～舞踏アテトーゼ～知的障害など重症度の異なる病態が知られ，変異アレルに依存した一種の量的形質といえます．

ハプロ不全　片側アレルの変異により，機能が欠損し機能的タンパク産物が半量になった状態．ヘミ接合での発症は，遺伝子量効果のために明確である．

量的効果　遺伝子あるいは遺伝子産物量の過不足が，異常な形質を発現すること．

b. 機能獲得変異

タンパクとしての機能が亢進することにより疾患発症するタイプです．がん原遺伝子の機能活性化が有名です．K-*RAS* 遺伝子の p.G12 D，p.G12 V，p.G13 D は，体細胞変異により活性型のがん遺伝子となって大腸がんなどの原因となります．p.V14 I は，がんの原因となるほどの強い活性型ではない中間活性型変異で，胚細胞変異であれば，先天奇形症候群のヌーナン症候群/コステロ症候群の原因となります．マッキューン・オルブライト症候群は，多くのホルモン受容体にみられるGタンパク結合受容体の

体細胞変異　受精卵のときにはないが，その後の発生途中で獲得された変異．個体は，変異をもった細胞ともたない細胞のモザイクとなる．

胚細胞変異　受精卵のときにすでに存在した変異（受精する配偶子がもっていた変異）．その個体の細胞全部が変異をもつことになる．

Gsα タンパクをコードする *GNAS* 遺伝子の活性型変異で発症します．しかし，本疾患は胚細胞変異では致死性と考えられ，胎児発生途中の体細胞変異が原因で，モザイク個体でのみ発症すると考えられています．

c. 正常タンパクの機能を阻害する優性阻害効果

優性遺伝病の患者では野生型アレルと同様に変異アレルも発現することがあり，それぞれ50%ずつの遺伝子産物を産生します．このとき，変異アレルの産物(タンパク分子)が野生型アレル産物の機能を障害することがあり，優性阻害効果(ドミナント・ネガティブ効果)といいます．いま，あるタンパクが同一のタンパク多分子からなる多量体だとします．ヘテロ接合体では変異分子が存在するために，正常な構成体の形成をも阻害してしまい，結果としてタンパク機能が半分以上欠如するのです．

優性阻害効果　変異アレルの産物が野生型アレル産物を障害し，遺伝子機能を完全に失うこと．

コラーゲン線維は2本の α1 鎖と1本の α2 鎖からなる3量体タンパクですが，この構造をとるにはそれぞれの構成線維にグリシンが3残基ごとに存在する必要があります．α1 鎖のグリシンが別のアミノ酸に置換するような遺伝子変異が起こると，α2 が正常でもコラーゲン線維の形成ができなくなります(図39)．可能性としては，正常な α1 鎖

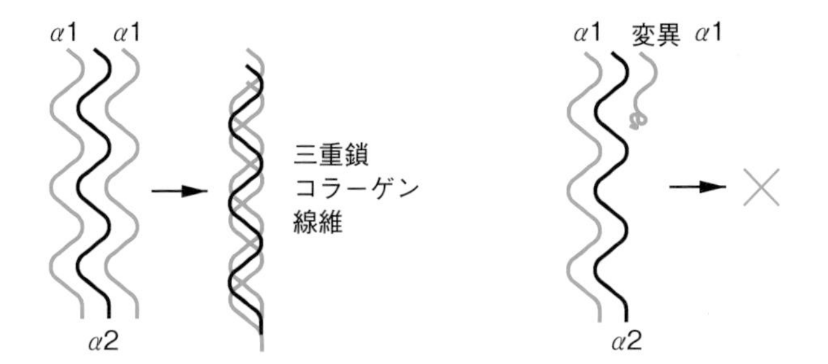

図39　優性阻害効果
2本の染色体から発現するコラーゲンからつくられるので，片方のアレルが正常でも，あたかも劣性の形質のように全体的に異常なコラーゲン線維の束になる．

が2本取り込まれれば，正常コラーゲン線維がつくられますが，正常の1/4量しかつくられません．また，軟骨無形成症は，4番染色体短腕に存在する線維芽細胞成長因子3型受容体遺伝子(FGFR3)の点変異で起きますが，この遺伝子を含む大きな欠失を示すヴォルフ・ハーシュホーン症候群(染色体異常)には軟骨無形成症に特有の骨格異常はみられません．これは，軟骨無形成症では異常なタンパクが50%産生され，それが正常タンパクとの2量体(受容体)形成を阻害するのに対して，ヴォルフ・ハーシュホーン症候群では遺伝子欠失のために，欠失アレルからは異常なタンパク自体が生産されませんので，2量体は正常タンパク(50%)のみからなり，その機能は正常なためです．

d. 遺伝子産物の過剰

遺伝子の塩基配列自体に変化はないが，1つのアレル(A)が重複し，結果として野生型アレルが個体において3コピー(AAA)になるために発症する疾患があります．例はシャルコー・マリー・トゥース病1A型(CMT1A)です．CMT1Aの原因遺伝子であるPMP22付近には同じ方向をもつ2つのローコピーリピート(LCR)が存在し，その間で不均等交叉が起こることによって1本の染色体上に2コピーの遺伝子が生ずるとされています(Ⅲ-B参照)．まだ特定の責任遺伝子群は特定されていませんが，ダウン症候群もトリソミーによる遺伝子過剰がその病態を起こすのだと考えられています．

e. 異常タンパク蓄積による組織・細胞傷害

トリプレットリピート病の一部は，異常タンパクの凝集蓄積による神経細胞の傷害によると考えられています．

f. 異所性・異時性発現

適切な時期と適切な組織で発現するように調節する領域がエンハンサー，サイレンサーですが，ここに変異が起こると，必要な時期に遺伝子が発現しなかったり，発現量が多くなりすぎて，他の遺伝子発現量とのバランスが崩れる事態が起こったりします．そうなるとその組織の恒常性が保たれなくなります．染色体転座が原因で遺伝病を発症する場合，遺伝子が直接破壊されなくとも，発現制御にかかわる領域が遺伝子と分離されることによって病気を発症する可能性があります．

コラム 10　用語の問題

アレル［allele (s)］は，対立遺伝子と訳されていました．しかし遺伝子の定義は，Ⅱ-C で述べたように，1 つのタンパクのアミノ酸配列をコードしている DNA 分子上の単位です．アレルは，遺伝子領域とは限らない DNA 断片も含むため，対立遺伝因子や対立 DNA 断片が妥当と思われます．このような用語の使用は複雑になるので，多くの専門家は「アレル」または「アリル」を訳さず用いています．また，メンデル遺伝の優性・劣性も顕性・潜性(不顕性)に変更する動きがあります．しかし，顕性・潜性(不顕性)はまだ決定されたことではないので，ここでは優性・劣性を使用します．

コラム 11　分離比 3：1 はヒトの遺伝病ではほとんどみられない！

ここでメンデルの実験をおさらいしましょう．メンデルは，円形の 253 個のエンドウ豆の種を成育して，7,324 個の種を得ました．このうち，5,474 個は円形(RR と Rr の合計)で 1,850 個はしわのある種(rr のみ)でした(分離比＝2.96：1)．これは最初の親豆(P)がおのおの R と r のホモ接合体同士の交配(RR×rr)で得た F1 (Rr)×F1 (Rr)の結果(つまり Rr×Rr＝1 RR＋2 Rr＋1 rr)でした．したがって，優性形質である円形種子(RR＋Rr)は，しわのある種子(rr)の 3 倍出現したのです．ひるがえってここで，ヒトの場合を考えてみましょう．ヒトでは Rr は優性遺伝病の患者ですから，Rr×Rr の交配は同一遺伝病の患者同士の結婚だということになります．本文で述べましたように，このような結婚はほとんどないと考えてよいと思います．

コラム 12　三毛猫ホームズの真実

三毛猫はたいてい雌です．雄の三毛猫は大変珍しいのでときに珍重されます．3 色のうち，茶色と黒色は X 連鎖性の共優性形質で，それを決めている遺伝子は茶色アレルと黒色アレルからなっています(白色は常染色体性の別の遺伝子)．雌猫はヒトの女性と同じく 2 本の X 染色体をもっていますから，茶と黒の 2 色となり，それも X 染色体不活化現象(X 連鎖劣性遺伝を参照)によって，皮膚のある箇所はパッチ状に黒色の毛で，他の箇所では茶色の毛というようにモザイク状となり，結果的に茶，黒，白の三毛猫となります．しかし，雄猫は X 染色体が 1 本ですから黒・茶の 2 色を同時にもつことはできません．したがって茶と白，あるいは黒と白のいずれかの二毛猫しか存在しません．雄猫が三毛猫となるのは，XXY などの性染色体異常のときだけです．XXY 個体はヒトにおけるクラインフェルター症候群と同じように不妊ですから，三毛猫の雄の子孫はいないのです．またしばしば，特異な行動をするので，天候予知能力をもつとして高値で船乗りなどに買われたり，犯罪解決のヒントを与えるとして三毛猫ホームズとなるのです．小説「三毛猫ホームズ」中では雌猫という設定ですが，種々の予知能力をもっているので，本当は XXY の雄猫ではないでしょうか？ 性染色体をぜひ調べてみたいものです．

V メンデル法則に従わない遺伝

A. ミトコンドリア遺伝病

ミトコンドリアは細胞質内にあり，エネルギーを産生する細胞小器官です(97 頁コラム 13 参照)．ミトコンドリア DNA (mtDNA)は 16,569 塩基対からなる環状の二本鎖 DNA で，1 個の細胞には数百～数千個(マルチコピー)が存在しています．mtDNA にも 37 種類の遺伝子があり，現在 33 種近くのミトコンドリア遺伝形質が知られています．精子はコンパクトな構造ですが，精子といえども鞭毛の運動にはミトコンドリアが必要です．精子のミトコンドリアは鞭毛の根本の周辺に集まっており，鞭毛の動作に必要なエネルギーを供給します．しかし，受精後は精子のミトコンドリアは分解されてしまうことが明らかになっています．したがって，ミトコンドリア遺伝子はすべて母から子へと伝達され，原則として父からの伝達はありません．母の卵子には多数のミトコンドリアがあり，おのおのランダムに子に分配・伝達されます(図 40)．ですから，ミトコンドリア遺伝子の遺伝は細胞質遺伝(母系遺伝)であり，メンデルの遺伝法則に従わないことになります．また，同一の遺伝子変異をもちながら，患者によって症状が様々なことも知られています．たとえば，代表的なミトコンドリア遺伝病であるミトコンドリア脳筋症(MELAS)では，ミオパチーや心筋症を示す患者が主ですが，糖尿病＋難聴，

細胞質遺伝　細胞質に存在する遺伝子の遺伝．ミトコンドリア遺伝とほぼ同義．

母系遺伝　母から子へ伝達される遺伝．

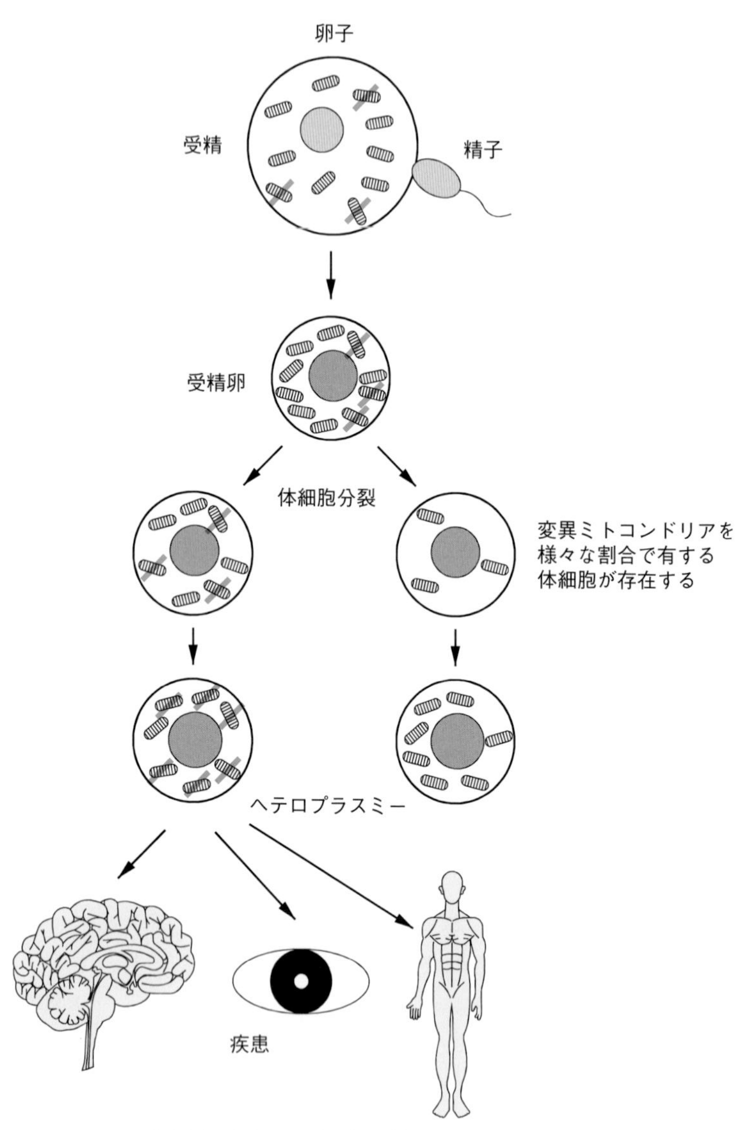

図40　ミトコンドリア遺伝病
（図）は変異をもつミトコンドリア

外眼筋麻痺の症状をもつ患者もいます．その責任遺伝子はすべて母由来ですから，母系遺伝を示しますが，疾患自体は原則的に遺伝しません．母のミトコンドリアの一部が変異遺伝子をもち(残りは正常遺伝子)，それがたまたま子に伝達され，組織発生のとき変異ミトコンドリアが骨格筋あるいは眼筋に偶然に多く分配されたために発症すると考えられています．このように，臓器によって正常遺伝子と変異遺伝子が混在することを**ヘテロプラスミー**と呼び，後者の含有量が大きいと発症するのです．このようなミトコンドリアDNAに原因がある遺伝病は，メンデル遺伝病のように兄弟や親子の発症遺伝確率は推定できません．

ヘテロプラスミー　臓器によって正常遺伝子と変異遺伝子が混在すること．

B. エピジェネティクス関連の疾患

色々な身体の細胞や組織はどれも遺伝子やDNAの塩基配列は同じなのに，形や働きがそれぞれ異なっているのは不思議だと思いませんか．これは各組織・細胞で発現する遺伝子の種類や発現の程度が異なっているためです．主としてその差は，DNAの塩基配列情報以外の因子で支配されています．塩基の1つであるシトシンにメチル基が付加されたり(**メチル化**)，メチル基がはずれたり(脱メチル化)，またDNAが巻きついている**ヒストンタンパク**の**メチル化・アセチル化・リン酸化**などの化学修飾が遺伝子の発現を促進したり抑制したりするのです(図41)．このような現象を研究する分野を，遺伝(ジェネティクス)以外の機構によるという意味でエピジェネティクスと呼んでいます．つまり遺伝子の塩基配列は変化していないのに，ある組織ではエピジェネティック修飾のために遺伝子が活性化され，別の組織では不活化されるのです．エピジェネティック修飾は，哺乳類の個体発生や胎内発達に関与するだけでなく，発がん過程や細胞のリプログラミングに重要

エピジェネティック修飾　遺伝子の発現を促進したり抑制したりするDNAの塩基配列情報以外の変化のこと．シトシンのメチル化や脱メチル化，ヒストンタンパクのメチル化・アセチル化・リン酸化などの化学修飾．

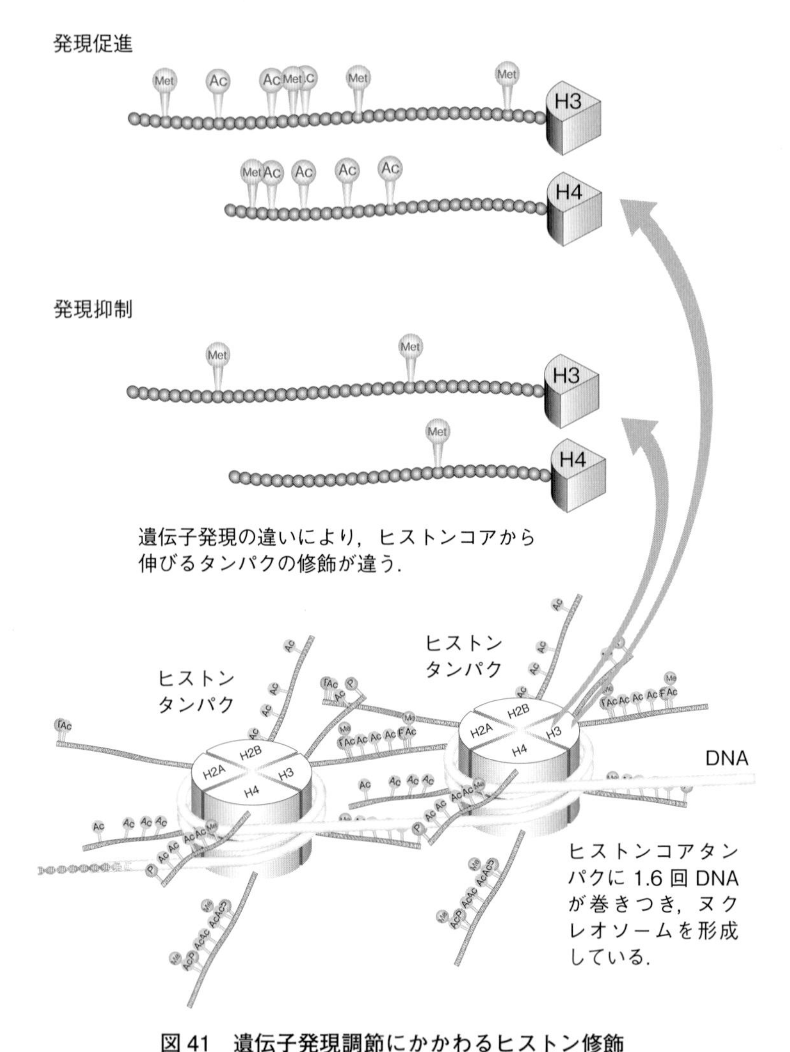

図 41　遺伝子発現調節にかかわるヒストン修飾
Met はメチル化，Ac はアセチル化．この修飾が変化することで，遺伝子の発現状態が変化する．

な役割を果たしています．一部の組織では，それが置かれている環境の変化によって，エピジェネティック修飾が起こることもあります．たとえば，ピロリ菌の慢性感染によって，胃粘膜細胞のがん抑制遺伝子のメチル化異常が引き起こされ，胃がん発生の一因となっています．混合系統白血病は，遺伝子変異の集積よりも，エピジェネティック変化により発症することが多い白血病です．

メンデルの遺伝法則は，各アレルは等価であることを基盤にしています．この法則の例外が**ゲノム刷り込み**です．それは子どもにおける遺伝子発現の程度が，それを伝達する親の性別により，異なる現象です(図 42)(97 頁コラム 14 参照)．ヒトのゲノム刷り込み現象のモデルとして最適なのがプラダー・ウィリー症候群(PWS)遺伝座とアンジェルマン症候群(AS)遺伝座なので，それを以下に概説します．PWS 患者の 70%は父由来の 15 番染色体長腕の q11-q13 領域を欠失し，30%弱は 1 対の相同染色体が双方とも母から由来する母性片親性ダイソミー(UPD)を

ゲノム刷り込み　子どもに伝達されたアレルの発現の程度が，それを伝えた親の性別依存性であること．

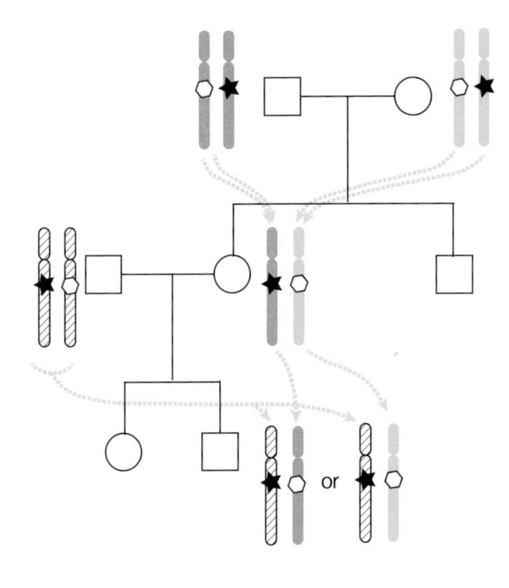

図 42　ゲノム刷り込み
父親由来マークは，女性生殖器で母親由来マークに変換される．母親由来マークは男性生殖器で父親由来マークに変換される．

もっています．図 43 は，PWS 遺伝座では両親由来のアレルが等価でないことを示唆し，PWS は父性アレルを欠くことが原因だと考えられます．さらに，正常な個体では母性アレルが発現しないことを示しています．つまり，母性アレルは不活性になるようにあらかじめ刷り込まれているのです(**母性刷り込み**)．一方，AS 座では，父母をまったく逆にした発現様式になっています．

母性刷り込み　母由来アレルの発現がないこと．

マウスの *Igf2* 遺伝子の発現は，ゲノム刷り込みの証拠の１つです．実験的に作製した変異 *Igf2* のヘテロ接合マウスと正常マウスとの交配で生まれた子孫は，変異遺伝子を雄親から伝達されたときのみ成長障害を示しました(図 44)．このことは，母性 *Igf2* が元来不活性(母性刷り込み)であることを意味します．ヒト *IGF2* もまったく同様に母性刷り込みを受けていることが判明しています．ゲノム刷り込みは遺伝病の原因ともなり，先に述べたプラダー・ウィリー症候群，アンジェルマン症候群のほか，ベックウィズ・ウィードマン症候群やシルバー・ラッセル症候群が知られています．家系図上で，子どもの症状の有無や軽

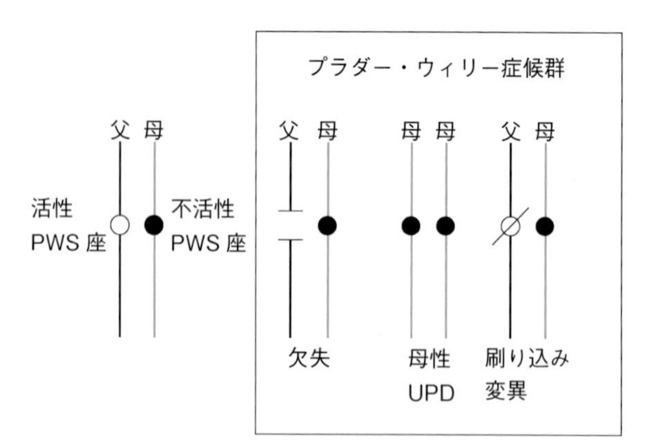

図 43　プラダー・ウィリー症候群患者における発生機序グループ
7 割は父親由来染色体 15q11–q13 領域の欠失，2〜3 割は母親由来 15 番染色体 UPD，ほかに刷り込み調節の異常や責任遺伝子の欠失がある．

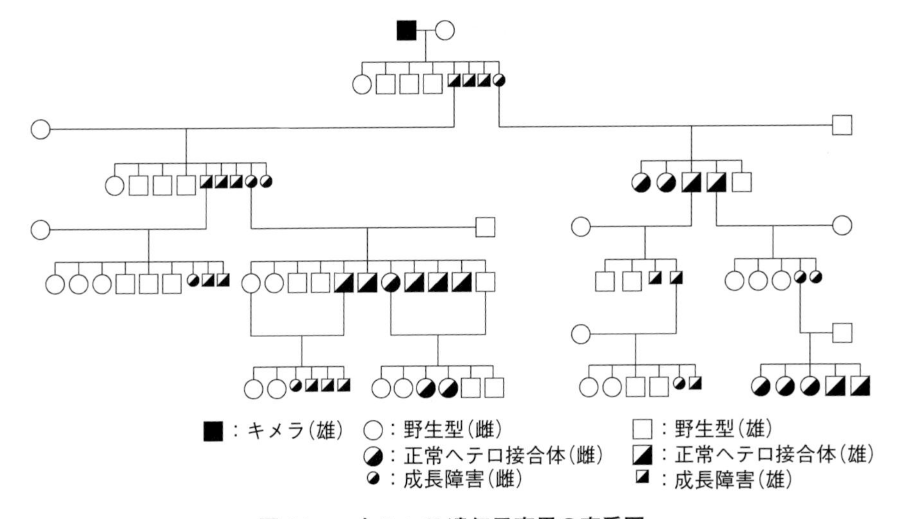

図 44　マウス *Igf2* 遺伝子変異の家系図

Igf2 遺伝子は，父親由来遺伝子のみ発現する刷り込み遺伝子のため，雄から変異遺伝子を受け継いだマウスのみ異常表現型が出現する．
(DeChara TM et al：Parental imprinting of the mouse insulin-like growth factor II gene. Cell 64：849-859, 1991 より引用)

重が親由来によって異なるとき，刷り込み遺伝子の存在が示唆されるのです．

体細胞変異により発症する白血病には，様々な遺伝子変異や獲得遺伝子変異が知られていますが，そのほかにヒストンのエピジェネティック修飾の異常で発症するB細胞性白血病などが知られています．このような白血病発症原因は，遺伝子変異の集積というより，エピジェネティック修飾を調節するヒストンメチラーゼの変異に起因するゲノム上の多数の領域のエピジェネティック変異によることが明らかにされています．

表 18　多因子遺伝が原因の主な形質

水頭症	唇・口蓋裂	尿道下裂	てんかん
無脳症	二分脊椎	鎖肛	糖尿病
神経管欠損	多発脊椎奇形	ヒルシュスプルング病	消化管潰瘍
小眼球症	先天性股関節脱臼	先天性心疾患	
耳介奇形	多指症	先天性幽門狭窄症	
唇裂	内反足	統合失調症	

C. 多因子遺伝

いくつかの遺伝子上の多型が原因による遺伝子機能の変化に，環境因子が加わって発症する多くの疾患があります（表 18）．高血圧や糖尿病，がん，口唇口蓋裂，自閉症や精神疾患などです．メンデル遺伝病は単一の責任遺伝子を解析し疾患発症にかかわる変異を同定すれば，確定診断されます．しかし，多因子遺伝病の場合，環境要因と遺伝要因がかかわっています．また，遺伝要因も多数の遺伝子の小さな効果の集積により発症する例があり，ある多因子遺伝の感受性遺伝子変異をもっていても発症しない人，もっていなくても他の要因で発症する人がおり，単一遺伝子病のように単純な解釈ができません．このような多因子遺伝病を理解するには，集団における遺伝子のふるまいを理解しなければいけません．多因子遺伝に対する知見は近年多く得られており，第Ⅵ章で詳しく述べます．

コラム 13　共生体としてのミトコンドリア

ミトコンドリア DNA が用いているトリプレット暗号(コード)は，表 3(Ⅱ-C)に示した通常のものとは異なっています．このことと，また他の証拠から，太古の昔，われわれの進化上の祖先である宿主細胞が(食菌のような機構で)取り込んだ結果，寄生(共生)したある種の原核細胞のなごりであるとする仮説が有力です．元来，その細胞(宿主)は酸素の存在下では生存できませんでしたが，ミトコンドリアを食菌することによって，ミトコンドリア遺伝子がもつ酸化的リン酸化(酸素呼吸)能力を利用し，生存に有利になりました．ミトコンドリアと同様のコードは植物の葉緑体にもみられ，やはり太古の昔の共生体のなごりと考えられています．

コラム 14　刷り込み遺伝子

精子 2 つだけのゲノムだけでできた胚は，胞状奇胎となり胎盤組織のみの胚となります．逆に卵子由来の 2 つのみのゲノムからできる胚は，胎盤の発達がきわめて悪く，その割に胚胎は成長しています．簡潔にいうと，2 つのゲノムなので DNA 量としては正常胚と同じですが，父親ゲノムだけでは胎盤の発達が主にみられ，母親ゲノムだけでは胎盤の成長はみられないということです．この表現型の違いは父親由来染色体上からのみの発現する遺伝子や，母親由来染色体上からのみ発現する遺伝子が存在するためです．DNA 塩基配列は同じでも，母親か父親かのどちらから受け継ぐかにより，その機能に違いが出てきます．このような刷り込み遺伝子は，ヒトでは 100 遺伝子以上みつかっています．これをゲノム刷り込みといい，一般的に発現が抑制される方を刷り込まれる遺伝子といっていますが，ゲノム刷り込みの定義は，親由来の違いにより発現やエピジェネティクス現象の違いを表します．この違いは親の生殖細胞でなんらかのマークがゲノム上に刷り込まれるためです．

Ⅵ 集団におけるアレル頻度のふるまい

A. アレル頻度

“ある集団内”に認められるおのおののアレルの頻度をアレル頻度といいます．たとえば，耳あか型を考えてみましょう．耳あかには，べとべとした湿型の人と，かさかさした乾型の人がいます．湿型アレルをW，乾型アレルをdと記載して，800人の遺伝型を決定したとします．WWホモ接合体が8人，Wdヘテロ接合体が144人，ddホモ接合体が648人とすると，全アレルは1,600で，Wアレルは2×8＋144＝160，dアレルは2×648＋144＝1,440ですから，Wアレル頻度は160/1,600＝0.1，dアレル頻度は1,440/1,600＝0.9と計算できます．このように，1つの遺伝座について異なるアレルが存在するとき，遺伝的変異の集団内アレル頻度を表すことができます．

アレル頻度　集団内のアレル頻度．

遺伝的変異　様々なゲノム上の塩基配列の違い・構造の違いすべて．

B. 遺伝的変異

遺伝的変異は，さまざまなゲノム上の塩基配列の違い・構造の違い，つまり1塩基置換，欠失，挿入，コピー数変化などすべて含みます．遺伝的変異は，表現型の変化を伴うことも，伴わないこともあり，集団内に非常に多く存在しています．ある遺伝座で，もっとも頻度の高いアレルのことをメジャーアレルと呼びます．上記の耳あかの場合，

メジャーアレル　その集団のある遺伝座で頻度の高い方のアレル．

東アジアではdがメジャーアレルです．頻度の低いアレルのことを**マイナーアレル**と呼び，マイナーアレル頻度が1％を超えた場合に，**遺伝的多型**と呼んでいます．単純に“変異”というのが遺伝的変異を指す場合，本来は病気になる・ならないとは関係ない用語であることに注意すべきです．ただし，医学系で「変異」というと病気と関連するという意味合いで使っていることが多いです．一般には，単一遺伝子病の変異アレル頻度は著しく低いことが多く，多因子疾患や薬剤耐性・薬剤感受性に関連する感受性アレルは，集団内のアレル頻度が比較的高いと考えられます．また，野生型アレルがメジャーアレルとは限らないことにも留意すべきです．耳あか型のアレル頻度は，わが国では乾型dアレルがメジャーアレルですが，野生型ではなく変異型です．それに対して白人やアフリカ人では湿型Wアレルがメジャーアレルでこれが野生型です．

マイナーアレル　その集団のある遺伝座で頻度の低い方のアレル．

C. ハーディ・ワインベルクの法則

集団内のアレル頻度の変化を数理表現するのが集団遺伝学です．集団遺伝学の中で，もっとも重要で基礎的な法則がハーディ・ワインベルクの法則です．ある大きな集団で遺伝座Aを想定します．そこにアレルA1，A2を想定して，それぞれのアレル頻度をA1：p，A2：q，$p+q=1$，と設定します．ハーディ・ワインベルクの法則は，「アレル頻度pとqがわかれば，個体頻度が推定できる」ことを保証しています(遺伝型からアレル頻度を計算する逆の計算)．この法則は，①自然選択がない，②突然変異がない，③移住などがない，④任意交配である，⑤集団が十分大きい(無限大)の前提のもとで成り立ちます．しかも1世代の任意交配で成り立ち，p qの頻度は，世代が進んでも変化しません．(A1 A1)のホモ接合個体頻度はp^2，(A1 A2)

ハーディ・ワインベルクの法則　集団が大きく，かつ人の移動が無視できるような集団では，アレル頻度は毎世代変わらないという法則．英国のハーディとドイツのワインベルクが独立して発見した．

のヘテロ接合個体頻度は 2 pq，(A2 A2)のホモ接合個体頻度は q^2 です．ヒトの遺伝病に関して，常染色体劣性疾患アレル頻度が q であれば，疾患患者頻度は q^2 ですから，逆に集団内の常染色体劣性疾患患者頻度が分かれば，ハーディ・ワインベルクの法則から$\sqrt{}$(常染色体劣性疾患患者頻度)とすることで，疾患アレル頻度が推定できます．ある集団で 1/100,000 の発生頻度の常染色体劣性疾患の疾患アレル頻度は，約 3.16/1,000 です．ヘテロ接合体(保因者)の頻度は，6.32/1,000 とわかります．このように，ハーディ・ワインベルクの法則はアレル頻度から個体頻度へと変換する際の強力なツールです．

D. 変異と進化と疾患アレル

ハーディ・ワインベルクの法則は厳密には成り立ちません．なぜなら，生物進化が起こるには，集団のアレル頻度が変わることが必要であるためです，変異アレル頻度が変化しないならば，進化は起こらないのです．短い時間軸で考えれば，ハーディ・ワインベルクの法則は成立すると考えて，強力なツールとして利用すればよいのです．進化の推進力として，①変異，②**自然選択**，③**遺伝的浮動**があります．

1 世代・1 配偶子・1 遺伝座あたりの変異の起こる確率を変異率といいます．私達には必ず変異が発生していますが，変異が病気の原因となるような場所に発生したときには遺伝病となり，重要でない場所に起これば表現型としての病気にはなりません．病気というのは通常は，生存と生殖には非常に不利になりますから，自然選択の結果，変異アレルは集団から次第に消滅していきます(**負の選択**)．ある遺伝病患者が子孫を残す尺度を**適応度**といい，子孫を残す可能性が高いときに適応度が高いと表現します．毎世代

自然選択　環境によって，生存や生殖に有利不利が規定され，環境に適した個体が減少したり，増加したりすること．

負の選択　自然選択のうち，環境に適さない個体が減少すること．

一定の割合で突然変異が出現していますが，個々の遺伝病の突然変異率は，疾患によって多少の幅があります(表19)．集団内の疾患の変異アレル頻度は突然変異と自然選択のバランスの上に成り立っていて，短い時間軸でみれば，集団内の変異アレル頻度は，ほぼ一定にみえていると考えられます．

突然変異率　座位あたり，配偶子あたり，世代あたりの塩基変化が起こる確率．

逆に，変異が生存に有利に働く**正の選択**の例もあります．ヘモグロビンβ鎖の変異で起こる鎌状赤血球症が知られています．ヘモグロビンS (HbS) (HBB:p.E6V) 変異は，ホモ接合では鎌状赤血球症を発症しますが，ヘテロ接合体はマラリアに対する抵抗性があります．ヘテロ接合体では適応度が野生型のホモ接合体よりも高いと考えると，新生変異が集団内で発生しなくとも，この変異が一定の頻度で保たれることが計算で示されています．このように，変異アレルは新生突然変異と自然選択の間で平衡状態にあると

正の選択　自然選択のうち，環境に適した個体が増加すること．

表19　種々の遺伝病における突然変異率

遺伝様式	疾　患	突然変異率 ($\times 10^{-5}$)
常染色体優性	軟骨無形成症	4.5〜6.0
	網膜芽細胞腫	0.6〜0.8
	骨形成不全症	0.7〜1.3
	無虹彩症	0.3
	ワールデンブルク症候群	0.4
	大腸ポリポーシス	1.0〜3.0
	ハンチントン病	0.07〜0.54
	筋強直性ジストロフィー	0.08〜0.16
常染色体劣性	白皮症	2.8
	重症先天性魚鱗癬	1.1
	全色盲	2.8
	フェニルケトン尿症	2.5
	小頭症	2.0
	栄養障害型表皮水疱症	5.0
X連鎖性	血友病A	3.2〜5.7
	血友病B	0.2〜0.3
	デュシェンヌ型筋ジストロフィー	4.0〜9.5

いえます．

実際のヒト集団は，ハーディ・ワインベルクの法則が想定する無限個体集団ではなく有限です．ですから，“私”がもつ変異を1人の子どもに伝える場合は，1/2の確率で伝える可能性があります．もし，10人子どもがいたとすると，$(1/2)^{10}=1/1{,}024$の確率で全員が受け継ぐこともありますし，同じ確率で全員受け継がないこともあります．集団が有限で，変異が“ほぼ中立(ほとんど自然選択が働かない)”の場合には，偶然に左右されて次世代でのアレル頻度が増減することになります．このように偶然にアレル頻度が増減することを**遺伝的浮動**といいます．1人の個人に起こった変異が，長い世代を経てその集団全体が変異アレルに置き換わる可能性があります．そのことを，**固定**すると表現します．固定する際には，正の選択ばかりではなく，偶然の力によっても固定しうることが示されています．

遺伝的浮動　集団が有限であるために，偶然にアレル頻度が増減すること．

固定　あるアレルが，その集団での頻度が100％になること．

E. 多型と進化

ヒト集団に多型が存在するのは，なぜでしょうか？その多型アレルは，過去に発生した変異が現在まで引き継がれていると考えます．1塩基多型(SNP)は，1つの塩基の配列が他に置き換わっている変異部位です．これらの多型アレルは，過去の誰かに発生した変異が自然選択と遺伝的浮動のバランスの上で，集団内に保持され，現在の頻度にまで増加して観察されているのです．遠い将来，何千年か何万年か後には，集団でのアレル頻度は変わっているでしょう．

F. 多因子遺伝と多型

メンデル遺伝に従わない(単一遺伝子病でない)疾患の代表として，多因子遺伝病があります(VIII-B参照)．多因子遺伝病は，多くの遺伝座の変異と外的環境因子の相互作用によって発症すると考えられています(図45)．疾患発症に対して協同的に働いたり，発症抑制に働いたりする変異アレルを想定し，最終的な**疾患感受性(易罹患性)形質**が正規分布するというモデルを考えます．もっとも単純には，①個々の作用が小さく，多くの変異がある，②個々の変異の効果を加算することができると仮定した説明(**相加モデル**)が古くから提示されています(図46)．図46では，10個の遺伝座を想定し身長を高くするアレルが何個あるかの尤度(ゆうど)をプロットした折れ線グラフです．この折れ線グラフは，かなり正規分布に近く，集団内での身長の分布が，アレル数ごとの尤度と人数頻度プロットと非常によく合致するのです(図47)．疾患関連遺伝座が多ければ多いほど正規分布に近くなり，遺伝座数の無限大極限では正規分布と

疾患感受性(易罹患性)形質　発病しやすさという形質．

相加モデル　個々の変異アレルの作用を加算できるとするモデル．

尤度　パラメーターにある値を想定したときに，観測している事象が起こりうる確率のこと．

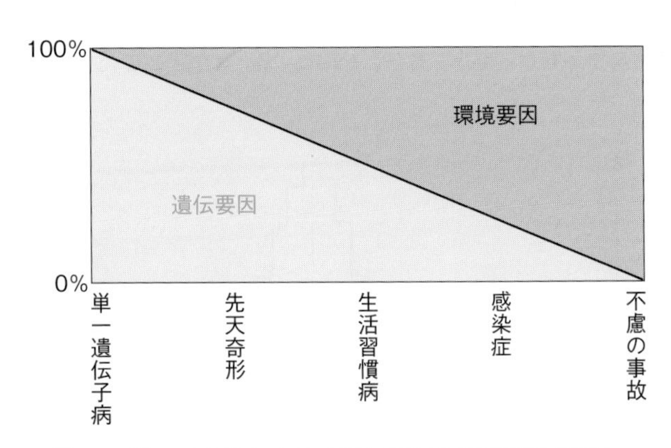

図45　種々の疾患における遺伝要因と環境要因の関与
単一遺伝子病はほぼ100%が遺伝要因で決定されるが，生活習慣病では両者が発症に関与する．不慮の事故はほぼ100%環境要因が原因である．

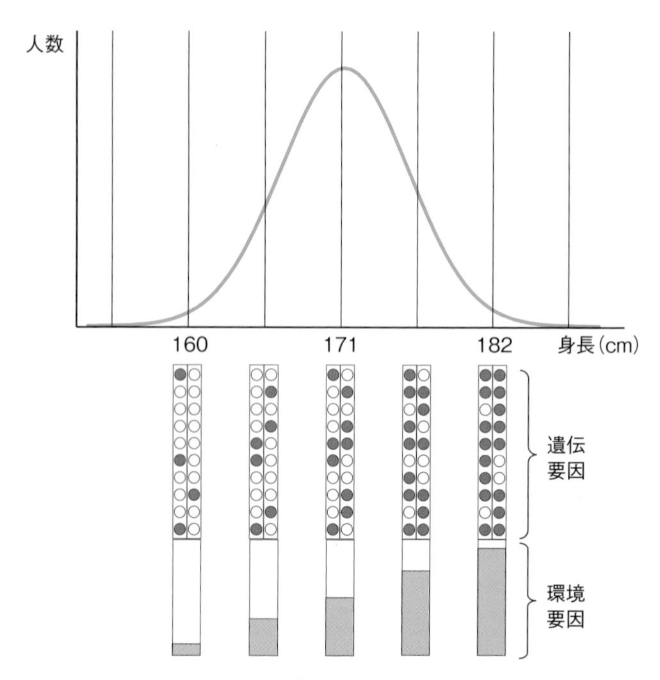

図 46　身長(男性)を決める要因

身長を決める環境要因が 40%ぐらいあり(20 % ぐらいという説もある)，他の 60%は遺伝要因で決まるといわれている．697ヵ所の SNP 多型では，その遺伝要因の 20%を説明できるとされている．

今後，身長を規定する遺伝要因はさらに増える可能性があるが，上図では模式的に 10 個の多型と環境要因で説明している．正規分布が身長の分布で，その下が各個人の遺伝要因と環境要因の例．青い部分が栄養や運動など身長を高くする環境，黒丸が身長を高くする多型，白丸が身長を低くする多型．

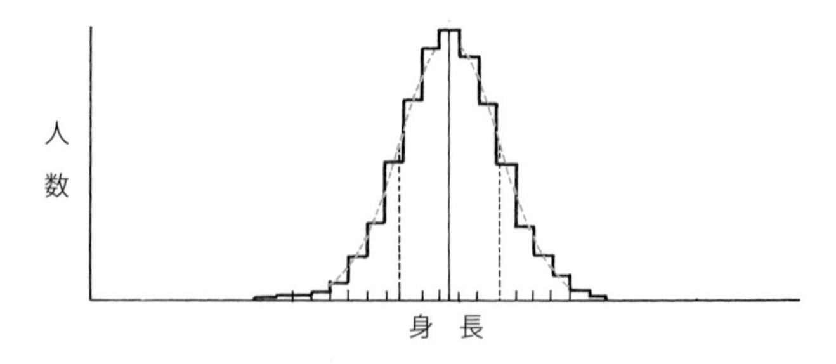

図 47　集団における身長のヒストグラム

多数の人の身長をプロットすると正規分布となる．身長は遺伝形質であるが，連続形質である．

なることが知られています.

図46の横軸は連続形質として身長を想定しましたが,唇裂・口蓋裂や先天性心疾患などの疾患は,連続形質ではなく発症するかしないかの悉無形質と呼ばれます(V-C,表18参照).悉無形質でも疾患感受性の正規分布モデルを想定して,ある一定値(閾値(しきい))以上であれば発症するとすれば説明可能です.近親者に患者が多いことも,近親者は発症者と変異アレルを共有する確率が高く,発症者と似た感受性アレルを共有すると説明可能です(図48).

連続形質 ☞5頁

閾値 易罹病性は連続形質だが,一定の値(限界値)を超えた個体のみが発病する.奇形のような形質は「あるか」「ないか」なので,これを説明するための仮説的な値.

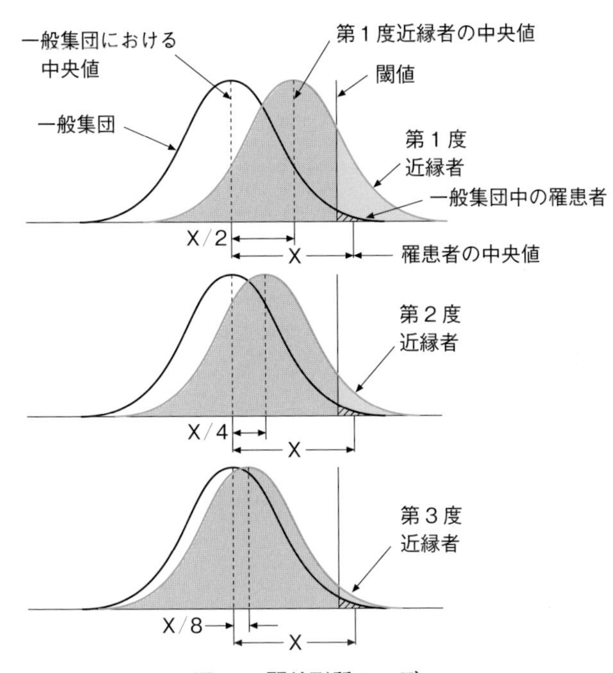

図48 閾値形質のモデル

一般集団に比べて,患者の血縁者における易罹病性は閾値側に寄っているため,血縁者では発病しやすい.

G. 関連解析と多型

多因子遺伝病の感受性(変異)アレル探索は，患者・対照試験を実施して，変異アレル(感受性アレル)の遺伝座あるいは感受性そのものの原因変異をみつけることが目的です．統計解析としては，χ二乗検定あるいはフィッシャーの正確検定を用います(表20)．表20のように，ある多型ATTGCAT(Gアレル)/ATTACAT(Aアレル)について，患者群と一般集団中の頻度をそれぞれA・B・C・Dとすると，相対リスク(疾患へのかかりやすさ)は$A/(A+B) \div C/(C+D)$で，オッズ比はAD/BCです．この多型が本当に疾患のかかりやすさと関連があるか否か，χ二乗検定［$E(AD-BC)^2/(A+C)(B+D)(A+B)(C+D)$］によって独立性の検定を行うのです．ここでは，なぜこの探索方法で疾患感受性アレルがみつかるかを理解することが重要です．

多型アレルは，過去の誰かに発生した変異です．①多因子疾患の感受性アレルはこれらの中にある，②過去には，負の選択によって取り除かれるほどには影響が強くない，ことを想定しています．疾患への罹患感受性は付与するが，それほど影響が強くない，遠い過去に起こった変異が集団に広がっています(影響が強ければ，集団から消失しているためです)．あるいは，これまでは正の選択があったかもしれません．変異が感受性アレルであれば，現在の罹患者には多くの人に共有されて，非罹患者にはそれほど

表20　関連解析のための2×2表

	Gアレル頻度	Aアレル頻度	計
患　者	A	B	A+B
一般集団	C	D	C+D
計	A+C	B+D	A+B+C+D

共有されないことが想定されます．ですから，罹患者集団と非罹患者集団でゲノムDNAを収集して“ある多型”頻度が集団間で同じかどうかを検定するだけで疾患感受性領域が探索できるというわけです．アレルが疾患と関連があるか否かを検討するので，関連解析(108頁コラム15参照)ともいわれます．

ここで利用される“ある多型”は，感受性を付与する変異そのものでなくとも，罹患者集団と非罹患者集団で差を検出できる可能性があります．遺伝座間の多型は，染色体に沿って並んだアレルの組(**ハプロタイプ**)を形成しています．多型アレルは1本の染色体上に並んで存在しているので，近い場所にあれば減数分裂のときに，ともに伝達されるアレルの組が存在することがあります(**連鎖不平衡**によ

ハプロタイプ　遺伝的多型部位は染色体上に連続的に並ぶので，1列に並んだ多型アレルを組にして表すことができる．これを，ハプロタイプという．

連鎖不平衡　2遺伝座間のアレルが独立に子に伝達されると想定して計算した頻度から，ずれているとき連鎖不平衡という．2遺伝座間のアレル頻度が独立でない場合である．

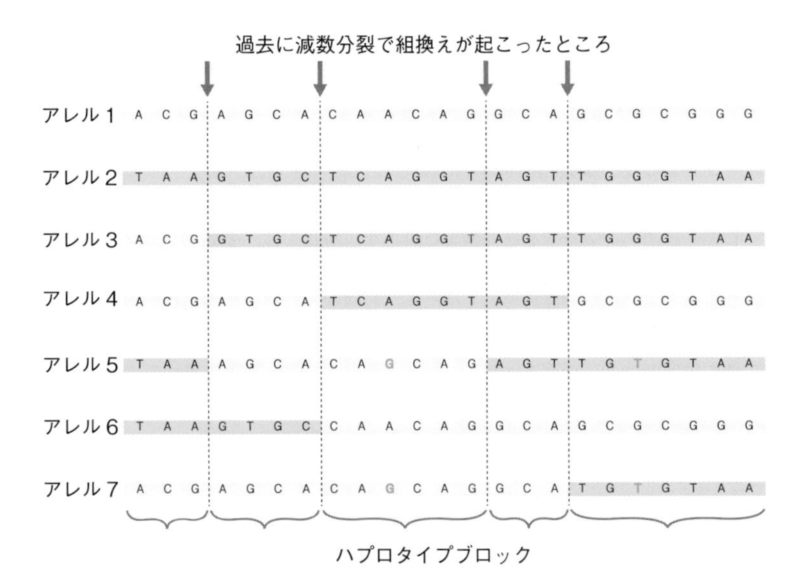

図49 ハプロタイプブロックのモデル

SNPは1,000塩基に1個の頻度で存在する．減数分裂では染色体1本上の1〜2ヵ所に組換えが起こる程度の頻度なので，数百世代さかのぼっても組換えが起こった場所は染色体1本上数百ヵ所のみになる．したがってDNAのほとんどの長い断片は，もとの塩基配列の隣接するSNPの組合せのままである(青字の塩基は新規に生じたSNP)．

るハプロタイプブロック)(図 49).

連鎖不平衡がある場合には，関連解析によって染色体の“ある区域”が罹患者に共有されている部分，つまりハプロタイプブロックを検出することになりますから，その区域内に疾患感受性変異が存在すると推定できます．多因子遺伝病のように頻度の高い“ありふれた疾患”は，集団内で頻度の高い影響の小さい多型によって感受性が付与されるのであろうとする仮説(ありふれた疾患–ありふれた変異仮説)で説明されることが多いのです．しかし，一方で，集団内で頻度の低い影響の大きい多型によって感受性が付与されるのであろうとする仮説(ありふれた疾患–まれな変異仮説)も可能との考え方もあり，両仮説は論争中です(コラム 15 参照).

ハプロタイプブロック　新生変異が発生しそれほど時間が経過していないときには，その場所にすでに存在した多型と新生変異の間で連鎖不平衡となり，両遺伝座間での組換えがそれほど起きないまま子孫に伝えられ，ブロックとして伝達される．そのブロックをハプロタイプブロックという．

ありふれた疾患–ありふれた変異仮説　頻度の高い疾患の感受性は，集団内に多く存在し，かつ影響の小さい多型によって付与されるとする仮説．

ありふれた疾患–まれな変異仮説　頻度の高い疾患の感受性が，集団内の低頻度で影響の大きい多型によって付与されるとする仮説．

コラム 15　関連解析と見失われた遺伝性

ゲノムワイド関連解析(GWAS)により，様々な多因子遺伝病の感受性遺伝子や候補遺伝子が単離されています．これは症例対照研究で，オッズ比として，疾患へのなりやすさが検出されます．現在では，多数のサンプルを用いて，喫煙歴，体格，コレステロール値，感受性遺伝子の多型などから，将来どれくらい疾患が発症するかのコホート研究がさかんに行われています．また比較的古くから，一卵性・二卵性双生児の発症率などからも，遺伝と環境の影響の度合いが調査されています．たとえば冠動脈性疾患や前立腺がんの発症は，リスク因子として環境要因が 50％近くを占めていることがわかっています．遺伝要因としての SNP は，冠動脈性疾患で 12ヵ所，前立腺がんで 27ヵ所明らかにされています．このように世界中で精力的に解析されている 2 疾患ですら，単離された SNP は，疾患のリスクの 2～3 割の原因として説明できるにとどまっています．ほかに 2～3 割の発症リスク原因があることになりますが，その原因は，コピー数の違いや，エピジェネティック修飾の違い，まだ非常にまれな SNP が単離されていないだけなど，様々な憶測がされています．このように遺伝要因がかかわっているに違いないが，その要因解明のための具体的な変異や多型がみつからないため，“見失われた遺伝性”といわれ，解析が続いています．

遺伝医学におけるライフサイエンスの知識と技術

分子生物学的技術を用いた研究からの新しい展開は遺伝医学を大きく変革しました．技術の大半は，①核酸各鎖の相補性，②核酸断片のサイズ，③核酸断片の増幅・クローニングのいずれかを利用し，DNA 二重らせん構造およびセントラルドグマを原理としています．最近ではこれに加えて，高速コンピュータを用いてヒトゲノムの膨大な遺伝情報を利用し解析する技術が開発されています．

A. 制限酵素と逆転写酵素

二本鎖 DNA を，あるパターンの塩基配列の箇所で切断する酵素が**制限酵素**です．たとえば，大腸菌から由来し *Eco*RI と名付けられた酵素は $\begin{smallmatrix}\text{GAATTC}\\\text{CTTAAG}\end{smallmatrix}$ の 6 塩基対を認識して $\begin{smallmatrix}\text{G▾AATTC}\\\text{CTTAA▴G}\end{smallmatrix}$ のように切断します．この 6 塩基を *Eco*RI の**認識部位**といいます．認識部位以外の箇所では切断できません．いま，2 番目の塩基 A が C に変化して $\begin{smallmatrix}\text{GCATTC}\\\text{CGTAAG}\end{smallmatrix}$ になると，この酵素はもはや同部位を切断できません．ほかにも多数の制限酵素が知られ，おのおの特異的な認識部位をもっていますから（図 50），それらを組み合わせると，狙った箇所で長い DNA を切断することができるのです．

制限酵素　特定の塩基配列を認識して，そこを切断する酵素．

認識部位　制限酵素が DNA を切断するとき認識する DNA 塩基の特定配列．

RNA（一本鎖）を鋳型にして，その相補的配列をもつ DNA（**相補的 DNA：cDNA**）を合成する酵素が**逆転写酵素**です．DNA → RNA の転写過程の逆の過程を触媒するの

相補的 DNA　☞ 112 頁 相補的分子

逆転写酵素　RNA から DNA（cDNA）を合成する酵素．転写の逆なのでこの命名がある．

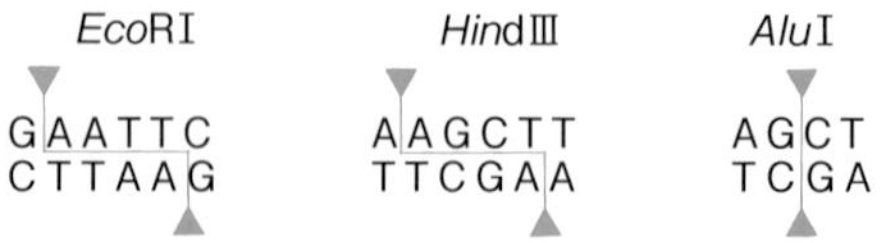

EcoRI HindⅢ AluⅠ

GAATTC	AAGCTT	AGCT
CTTAAG	TTCGAA	TCGA

図 50 制限酵素の認識部位と切断様式

*Eco*RI と *Hind*Ⅲは 6 塩基を認識して のように鉤型に DNA 二本鎖を切断する．一方，*Alu*Ⅰは 4 塩基を認識して縦断する．

でこの名前があります．この酵素が発見されるまでは，遺伝情報は DNA → RNA の一方向にしか流れないと考えられていましたが，RNA → DNA の流れも自然界にあることが判明しました（Ⅱ-D，図 9 参照）．この好例はエイズウイルス（HIV）や成人 T 細胞白血病（ATL）ウイルス（HTLV-1）で，ウイルス自身がもつ逆転写酵素で自分の RNA を逆転写し，つくられた cDNA が宿主の細胞核に入り込みます．研究的な観点でいうと，mRNA を得ることができれば，逆転写酵素によって cDNA（遺伝子）を取得できるのです．mRNA をもとにつくられるため，cDNA はエクソン部分だけをもつ DNA です．

B. 組換え DNA と遺伝子クローニング

組換え DNA は人工的に連結された DNA のことです．由来の異なる 2 種の DNA をともに同じ制限酵素で切断すると，切断端は同一構造をもちますから，DNA 連結酵素（**DNA リガーゼ**）で連結すると**組換え体**ができます（図 51）．**プラスミド**などの**ベクター**とヒト DNA の間で組換え体を構築し，それを宿主（大腸菌）に感染・増殖させます．組換え体ベクターは大腸菌内で自律的に，菌の増殖とともに増幅されます．増幅後，組換え体 DNA を先と同じ制限酵素で切断してヒト DNA だけを取り出します．この操作で 1 コピーのヒト DNA 断片を多数作製することがで

DNA リガーゼ 異なる DNA 間を連結する酵素．

組換え体 由来の異なる DNA 間をつなぎ換えたもの．

プラスミド 細菌に寄生する環状 DNA．クローニングに便利なように工夫したものをベクターとして利用する．

ベクター クローニングしようとする DNA を運び，宿主に感染または導入できるような DNA．

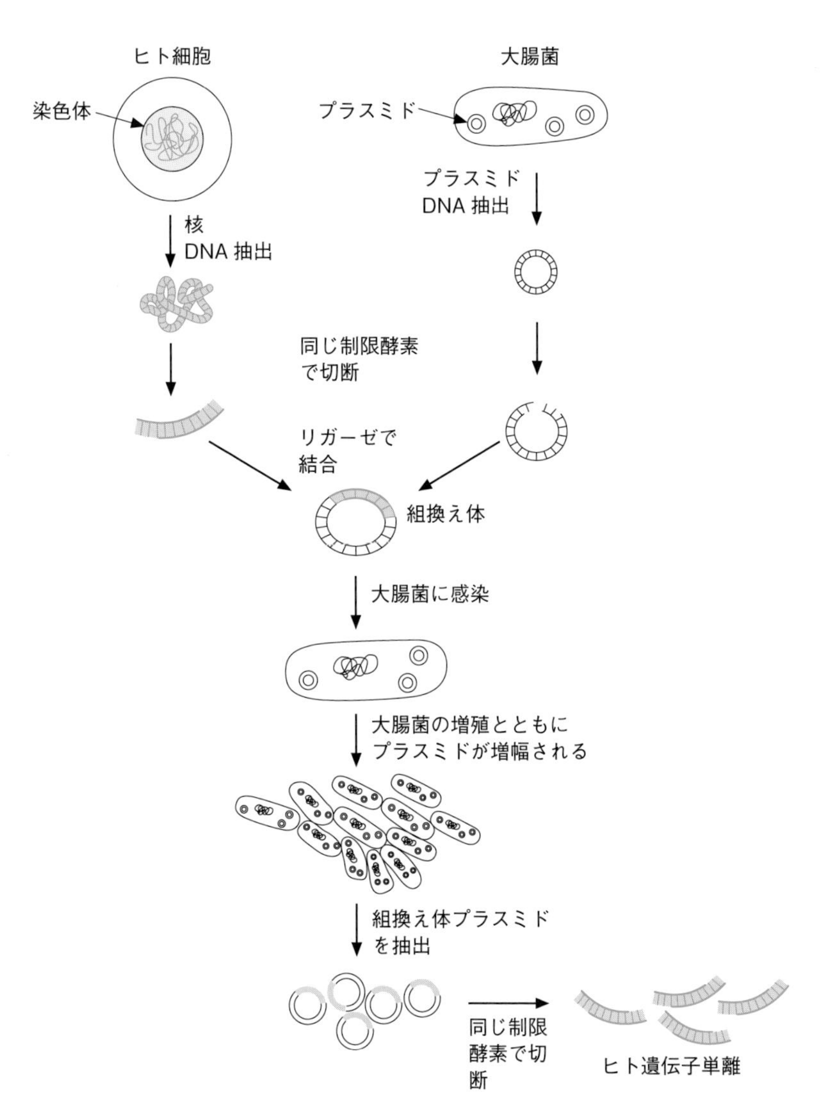

図 51　組換え DNA と遺伝子クローニング

ヒト遺伝子とプラスミド DNA を同じ制限酵素で切断すると，断端は同じ切れ方をするので，リガーゼでつなぎやすい．組換え体プラスミドを大腸菌に感染させ，菌を培養すると組換え体プラスミドも増幅される．増幅後プラスミドを抽出し，前と同じ制限酵素で切断すると，1 つのヒト遺伝子を大量に取り出すことができる．

きるので，DNA（遺伝子）クローニングといいます．この技術を用いることで，正常あるいは病的遺伝子を分子として入手することが可能になり，遺伝性疾患の根本原因が判明したのです．

C. ハイブリダイゼーション法

DNAの片鎖と他鎖の塩基配列は相補的です．種々の異なるDNAを試験管中で混和し，次いでそれぞれのDNAを処理して変性（一本鎖にすること）させ，変性処理をやめると，相補的分子同士のみが再び特異的に会合し二本鎖に戻ります．決して他の分子とは二本鎖を形成しません．この結合過程を分子雑種形成（ハイブリダイゼーション）と呼び，定量的な反応です．DNAとDNA間の分子雑種形成を視覚的に検出する手法をサザンハイブリダイゼーションといい，mRNAとDNAとの間で行う手法をノーザンハイブリダイゼーションといいます（129頁コラム16参照）．

D. ポリメラーゼ連鎖反応（PCR）

PCRは試験管内でDNA断片を増幅する技術です（図52）．増幅しようとする二本鎖DNAのおのおの3′端の約20塩基に相補的なDNA（オリゴヌクレオチド）を合成し，プライマーDNAとします．十分量のプライマーと*Taq*ポリメラーゼ（耐熱性DNA合成酵素）および鋳型DNAを試験管に入れ，①93〜95℃くらいに熱すると鋳型DNAが変性し一本鎖となります．②次いで低温にすると過剰にあるプライマーDNAが鋳型DNAとすばやく分子雑種形成（アニーリング＝ハイブリダイゼーション）します．③次に温度を上昇させるとDNA合成反応が起きDNA鎖が伸長されます．①〜③の変性・アニーリング・伸長反応のサ

クローニング　分子生物学的技術を用いて，1つの核酸分子由来の多数のコピーをつくること．

相補的分子　アデニン（A）はチミン（T）またはウラシル（U）と，グアニン（G）はシトシン（C）とのみ水素結合（相補）する．したがって，DNAの一方の鎖は，それに含まれる塩基に対して相補的な塩基をもつ核酸分子（相補的分子）とのみ分子雑種を形成する．

分子雑種形成（ハイブリダイゼーション）　塩基の相補性を利用して，由来の異なる核酸同士の二本鎖分子をつくらせること．

サザンハイブリダイゼーション　電気泳動したDNAをナイロン膜に移行させ，次いでプローブDNAと分子雑種形成させること．

ポリメラーゼ連鎖反応　DNAの変性→プライマーDNAとのアニーリング→ポリメラーゼが触媒するDNA合成→DNA変性のサイクルが次々と進行すること．

オリゴヌクレオチド　数〜数十個の塩基からなる短いDNA．

プライマーDNA　DNA合成のとき，合成開始点となる短いDNA．

***Taq*ポリメラーゼ**　高熱に耐性のDNA合成酵素．火山地帯の土壌から採取した細菌より抽出・精製された．

鋳型DNA　複製されるときの鋳型になるDNA鎖．

DNAの変性　二本鎖DNAが一本鎖ずつになること．

アニーリング　一本鎖ずつのDNAが二本鎖DNAに戻ること．

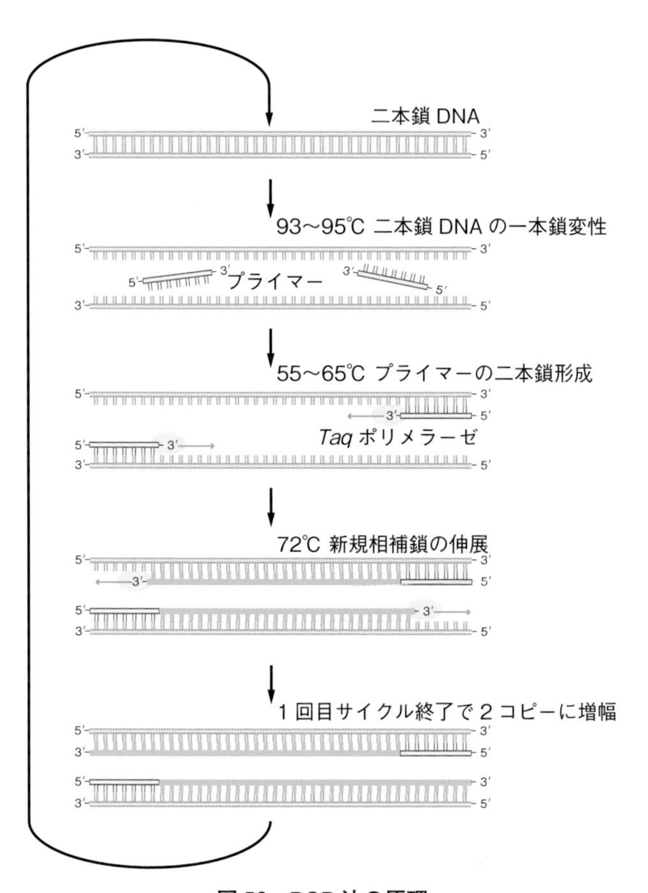

図 52　PCR 法の原理

チューブ内に，プライマー，*Taq* ポリメラーゼと単体の核酸を入れ，自動で温度を上げ下げする機器にチューブを入れることにより，プライマーに挟まれた DNA 領域が 2 倍ずつ増える．

イクルを n 回繰り返しますと，最初の DNA が 2^n に増幅されます．この PCR を用いて CA 多型の領域を増幅しサイズを確認することで，個人同定などに利用されます(図 53)．PCR 法は DNA から DNA を増幅する方法ですが，mRNA から cDNA を合成し，次いで PCR を行う方法は逆転写 PCR (RT–PCR)法と呼ばれます．この手法を使えば，どの mRNA が存在するか，どれぐらい発現している

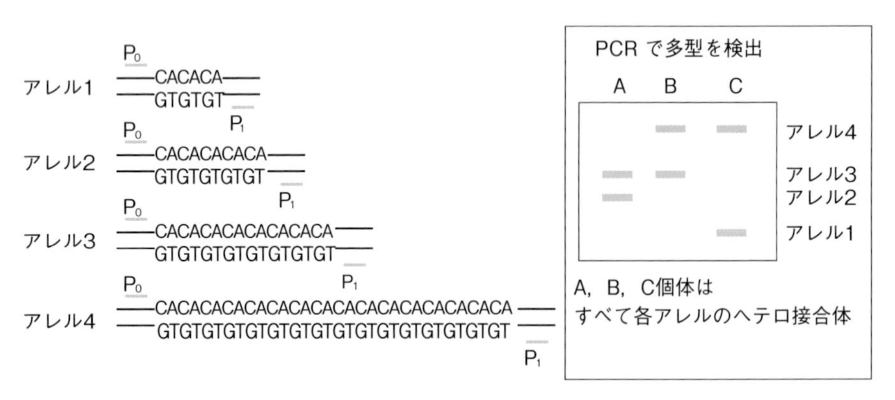

図 53　PCR で増幅する CA 反復配列多型

プライマー P_0 と P_1 を用いて PCR 増幅を行い，次いで，増幅産物を電気泳動すると右図のように各アレル（CA の伸長の程度が異なる）が同定できる．

か明らかにできます．すなわち，ある遺伝子の発現量を定量したり，組織特異的発現量などが解析できます．

E. 染色体蛍光 *in situ* ハイブリダイゼーション（FISH）

蛍光 *in situ* ハイブリダイゼーション（FISH）　染色体上で行われる分子雑種形成をプローブ DNA に標識した蛍光で観察する手法．

染色体 FISH 法は DNA の分子雑種形成を染色体上で行う技術です．ビオチンなどで標識したプローブ DNA とスライドグラス上の染色体 DNA 間で雑種形成させます．雑種形成したプローブのビオチンはアビジン（蛍光分子をあらかじめ結合させてある）と容易に結合しますので，蛍光分子を顕微鏡下に検出できます．つまり，蛍光を発した染色体部分がプローブと相補的な DNA が存在する部分です．FISH 法は新しく単離された遺伝子や DNA 断片の染色体上の位置を同定するのにもっとも強力な手技です（図 54 a）．また，転座，逆位，微細欠失症候群を含む欠失などの染色体異常の迅速かつ正確な診断を行うこともできます（表 21）．ある染色体全体から由来する多数の DNA クローンをプールしてプローブとすれば，その染色体のみを

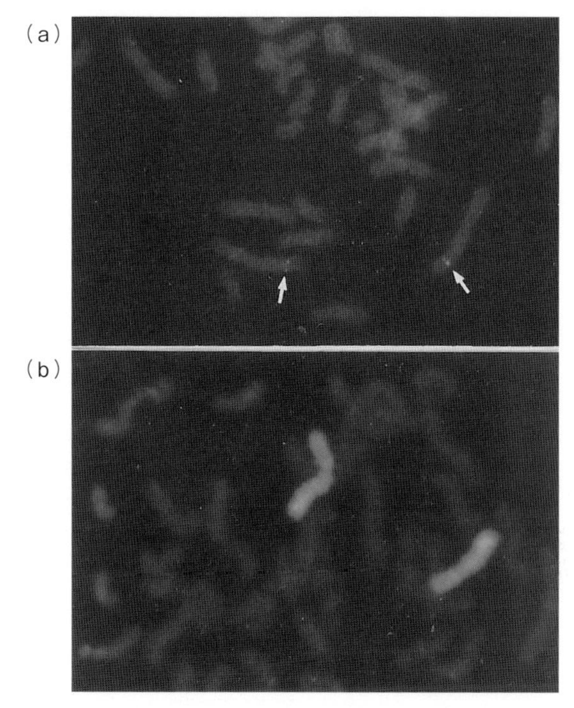

図 54　ユニーク配列 DNA プローブを用いた FISH (a) と染色体特異的プローブプールを用いた染色体ペインティング(b)

色分けすることが可能です．この方法は全染色体ペインティング(図 54 b)と呼ばれます．また，FISH 法は，細胞の間期核上でも性染色体の同定や数的異常が検出可能なので，隣接遺伝子症候群の染色体検査の補助診断法として行われることがあります(表 21，22)．

染色体ペインティング　特定の染色体に特異的な DNA 断片を多数集めてプールし，プローブとして染色体上で FISH を行う手法．その染色体のみが蛍光色素で塗られたようになるのでこの命名がある．

F. DNA マイクロアレイ法と比較ゲノムハイブリダイゼーション(CGH)法

なんらかの基盤(たとえばスライドグラス)の上に高密度で整列させた微量な数十万種類の DNA 断片を載せて，

表 21 FISH 法の種類と診断目的

FISH 法の種類	プローブの性質	診断目的
通常の FISH 法	遺伝子・DNA 断片を含むユニーク配列プローブ	微細欠失症候群の同定 染色体構造異常の切断点の同定
反復配列特異的 FISH 法	α−サテライト DNA・サテライトⅡ/Ⅲ DNA などの反復配列を含むプローブ	異数体の検出
サブテロメア領域の FISH 法	1〜22 番染色体・X/Y のサブテロメア領域特異的プローブ	染色体末端部を含む構造異常の同定
染色体ペインティング	1〜22 番・XY 染色体のいずれか	構造異常の同定
マルチカラー FISH 法 SKY 法	1〜22 番・XY 染色体すべて	新生構造異常の同定 複雑な染色体構造異常の同定

表 22 FISH 分析で診断可能な微細欠失・重複症候群と染色体異常

利用する標本	疾患	解析領域・プローブ
染色体	微細欠失症候群	責任遺伝子
	1p36 欠失症候群	*CDC2L1* 領域
	ヴォルフ・ハーシュホーン症候群（4p 欠失症候群）	*WHSCR* 領域
	猫なき症候群（5p 欠失症候群）	*CTNND2* 遺伝子領域
	ウィリアムズ症候群	*ELN* 遺伝子領域
	網膜芽細胞腫	*RB1* 遺伝子
	プラダー・ウィリー症候群	*SNRPN* 遺伝子領域
	アンジェルマン症候群	*UBE3A* 遺伝子
	ディジョージ症候群（VCFS/CATCH22）	*TUPLE1* 遺伝子領域・*D22S75*（N25）座
	ミラー・ディーカー症候群	*LIS1* 遺伝子領域
	スミス・マゲニス症候群	*SMS* 遺伝子領域
	X 連鎖性魚鱗癬（STS 欠損症）	*STS* 遺伝子
	カールマン症候群	*KAL1* 遺伝子
	ソトス症候群	*NSD1* 遺伝子
	微細重複症候群	責任遺伝子
	シャルコー・マリー・トゥース病 1A 型	*CMT1A* 遺伝子
間期細胞核	13・18・21 トリソミー モノソミー X・性染色体構成	各染色体特異的プローブ X/Y 染色体特異的プローブ

個々の DNA スポット上で，被検者 DNA との分子雑種形成を行わせる方法です．このとき，被検者 DNA（または cDNA）を蛍光色素で標識しておきます．雑種形成が起こ

れば，スライドグラス上のDNAと結合するのでスポットは蛍光を発します．蛍光は蛍光スキャナーで検出し，その数値(雑種形成の程度)はコンピュータで解析されます．

DNAマイクロアレイを利用した比較ゲノムハイブリダイゼーション(CGH)法はゲノム中の微細な欠失や重複を網羅的に同定する技術で，多くのゲノムコピー数異常が発見されています(図55)．このマイクロアレイの原理は，まず2種類のDNA（試料AとB)を用意します．Aは緑色色素で標識し，Bは赤色色素で標識します．両者をマイクロアレイ上のスポットDNAと雑種形成させると，もしAの量がBに比べて多ければ(そのDNAコピー数が多い)，そのスポットは緑色になり，少量であれば赤色になります．両者が等量であれば両色の混ざった色(黄色)となります．分子の数が多いほど先に分子雑種形成が起こる競合的雑種形成(定量的反応)を利用しています．

DNAマイクロアレイ　多数の微量なDNAを順番にスライドグラスなどの上に固定し，その上で分子雑種形成を行わせる技術．一般的にはDNAを蛍光色素で標識し，ハイブリダイズした反応を蛍光スキャナー・コンピュータで解析する．基盤となるDNAを順番に配列させることからアレイ(連珠)と呼ぶ．

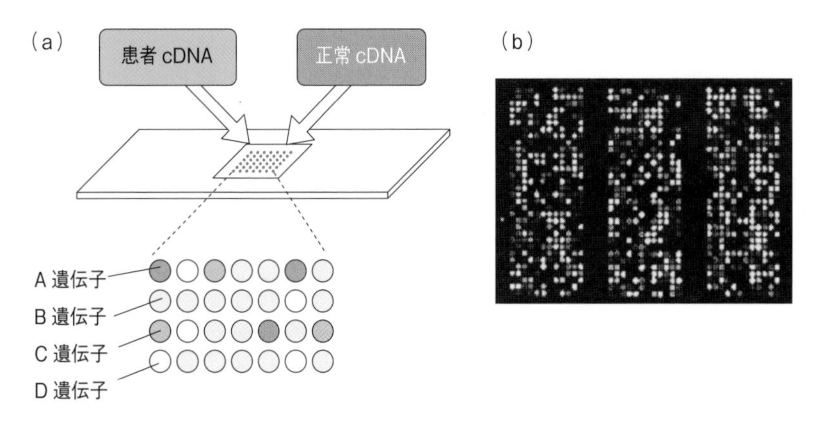

図55　cDNAマイクロアレイの模式図(a)と実際のマイクロアレイ(b)
患者由来cDNAをある蛍光色素［　］で標識し，正常者由来cDNAを異なる蛍光色素［　］で標識した後，両者を混ぜて，あらかじめスライドグラスに固定された多数の遺伝子(DNA)上で分子雑種形成を行わせると，患者において発現していないが正常者で発現している遺伝子は［　］色となり，逆に患者のみで発現している遺伝子は［　］色となる．両者ともに発現する遺伝子はその中間色［　］となる．この方法で，疾患特異的な遺伝子が同定できる．

G. 次世代シーケンシングとエクソーム解析

従来の塩基配列決定法は，1つのDNAクローン由来の1塩基違いの断片を電気泳動させて解析する方法でした(図56)．**次世代シーケンシング**と呼ばれる**大規模DNA並列塩基配列決定法**は，1枚のプレート上に数百万〜数十億の点状物として各DNA断片を付着させ，そのDNA断片をプライマーからDNAポリメラーゼで1塩基だけ合成させ，そのときに発する蛍光を検出することにより，超並列的に塩基配列を決定します．この技術を用いると，ヒトゲノム中の塩基総数の約32億塩基対でも，一気に数十人分くらいの個人ゲノムを解析できるのです．近い将来，1時間，数万円で個々人のゲノム解析が可能になると予想されています．

次世代シーケンシング技術を遺伝子診断に利用するには，タンパクをコードする領域を解析すると効率的です．mRNAに相当するオリゴヌクレオチドをビオチンなどで標識し，被検ゲノムDNAの断片と分子雑種形成させて標識を目印に濃縮して，患者ゲノムのエクソン領域のみを大規模DNA並列シーケンシング解析する**エクソーム解析**が行われています(図56)．エクソン領域以外を含めた全ゲノムDNAを解析するのは，現状では大変な時間，労力，費用がかかりますので，エクソーム解析が選択されていますが，今後，実験費用，コンピュータ解析費用などが低下してくれば，全ゲノム塩基配列決定が主流になると考えられています．

エクソーム解析　ゲノムから全遺伝子のエクソン部分だけを集めてその塩基配列を解析する方法．

次世代シークエンサー(第2世代シークエンサー)では，比較的短いDNA断片(〜350塩基)をたくさん読むことによって，塩基配列を解読していましたが，次々世代シークエンサー(第3世代シークエンサー)では，より長いDNA(平均10 kb〜)を一度に読むことが可能になりました．塩

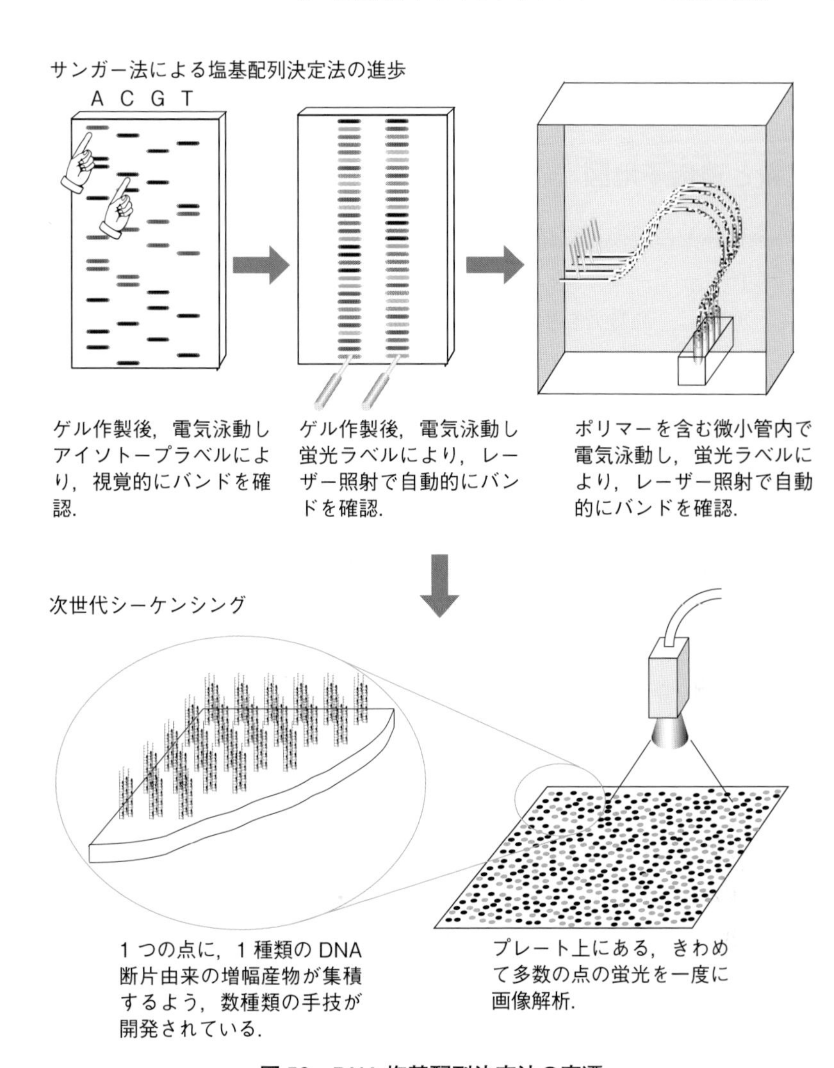

図 56　DNA 塩基配列決定法の変遷

基の読み取りの方法としては，蛍光色素を用いる手法や，塩基が検出器を通るときの電流の変化をとらえる方法があります．この技術は 1 分子シークエンサーとも呼ばれ，1 分子の長い DNA の塩基配列を読むことが可能で，繰り返し配列の正確な長さや，複雑な染色体構造異常や未知の配列の挿入などがわかるようになると期待されています.

H. 連鎖と遺伝子地図

特定の染色体上に近接して存在する遺伝子群は，その染色体上の集団として，まとまって子孫に伝達される傾向があります．しかし，減数分裂中に相同染色体間で染色体交叉が起こり，もし2つの遺伝子間で組換えが起これば，相同染色体上にあったグループがメンバーを交換して伝達されます．染色体交叉による遺伝的組換えは，遠くに位置する遺伝子間で起きやすく，近いものの間では起きにくいのです．ともに子に伝達される遺伝子群は連鎖(リンケージ)しているといいます．連鎖の度合いから推定した2個の遺伝子の間の相対的距離を**遺伝的距離**と呼び，遺伝子がどの染色体のどの部分に局在するかを示すのが**遺伝子地図**です．遺伝病の責任遺伝子の場所を表すものを**遺伝病地図**と呼びます.

Ⅵ-Gでも述べましたが，あるひとつながりの隣接領域中のアレルの組合せを**ハプロタイプ**といいます．ハプロタイプに組換えが起きずに代々伝達されたため，ハプロタイプ中の多型群がひとかたまりとして集団中に一定の頻度でみられることを**連鎖不平衡**といいます．新しく買ったトランプカードを十分にシャッフルしないと，一連続きのカードが出てくることに似ています．10万～20万年の人類の長い歴史を経ても，依然として連鎖不平衡を示すゲノム領域が多数存在し，ハプロタイプブロックと呼んでいます．民族集団ごとの連鎖不平衡地図を作成する国際ハップマップ計画第1相の結果が2005年，第2相が2007年，第3相が2009年に発表され，薬剤代謝や生活習慣病を含めた多因子遺伝性疾患のゲノム解析に利用されています.

遺伝的距離　遺伝子(DNA断片)が親→子に伝達されるときの組換え率から互いの相対的距離を推定すること.

遺伝子地図　遺伝子がどの染色体のどの部分に局在するかを示す地図.

遺伝病地図　各遺伝病の責任遺伝子が染色体のどこに存在するかを表した地図.

ハプロタイプ　相同染色体の片方上に局在するアレル型(対立遺伝子型)群のこと．たとえば，3つの座位を想定したとき，父親がA/a，B/b，C/cで，母親がa/a，b/b，c/cであり，子がA/a，B/b，C/cの遺伝子型をもつ場合，子はA-B-Cというハプロタイプを父から受け継いでいる.

連鎖不平衡　ハプロタイプ内部に組換えがなく，それが代々と伝達されたため，ハプロタイプ中の多型群がひとかたまりとして集団中に一定の頻度でみられること.

I. 遺伝学を用いた疾患機序解明

まだヒトゲノム計画が始まっていないころ，疾患の**責任(原因)遺伝子**を単離するには大変な労力と時間および費用を要しました．先天性代謝異常を例にしますと，患者の生化学的分析から血中や尿中に，あるアミノ酸が過剰に存在することがまず判明し，代謝系のある種の酵素の欠損によることが判明しました．その結果，早期診断法や治療法が開発されていました．次いで，その酵素のアミノ酸配列から責任遺伝子が単離されました．このような順序で，最終的には遺伝子の機能をもとに研究が進みましたので，患者の症状，細胞変化や生化学的特性解析に基づく方法による遺伝子単離を**機能的クローニング法**といい，最後に遺伝子にたどり着くオーソドックスなやり方しかありませんでした(図57)．

大多数の疾患では生化学的異常が検出されませんし，疾患の研究がいつもこの方法で進むとは限りません．一方で，ヒトゲノム計画や連鎖地図の完成後には，まず疾患原因遺伝子変異がみつかることが多くなってきました．**ポジショナル(位置的)クローニング法**は，疾患の病態が不明な

責任遺伝子　疾患の直接原因となる遺伝子.

機能的クローニング法　想定される遺伝子の機能からスタートして，遺伝子を単離する手法.

ポジショナルクローニング法　疾患座の染色体上の局座(ポジション)を標識にして，疾患の原因遺伝子をクローニングする方法.

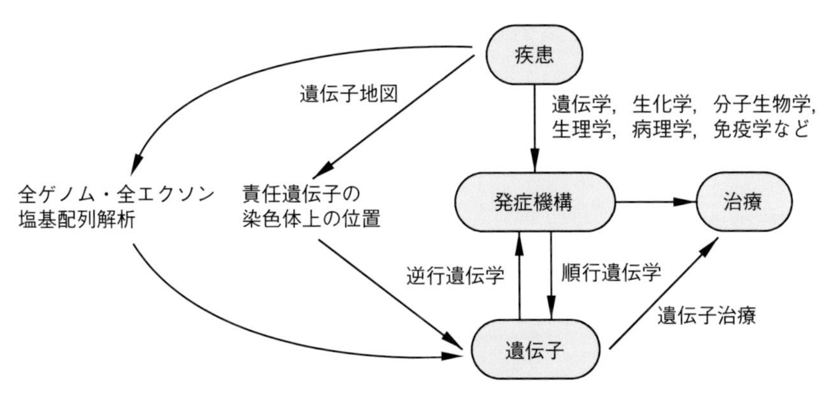

図57　遺伝子からの疾患の機序解明や臨床応用の変遷

場合でも，疾患遺伝子を同定・解析することが可能です．まず疾患遺伝子の染色体上の位置を決定(マップ)します．次いで，マップをもとに種々のゲノム医学的方法を用いて疾患遺伝子を単離・同定し，最終的には遺伝子の産物(タンパク)を同定し，生体内での機能を解析するのです．この研究方法は従来の方向とは逆なので，**逆行遺伝学**とも呼ばれていました．ポジショナルクローニング法で単離した疾患遺伝子の例を表23に示しますが，臨床的にも重要な疾患が多いことに気づかれるでしょう．

逆行遺伝学　従来の遺伝学研究法とは逆方向の遺伝学．セントラルドグマからすると遺伝子→転写→翻訳→表現型(病気)と順方向なので，遺伝子同定から始まる方法を順行遺伝学と呼ぶ人もいて注意が必要．

ポジショナルクローニング法で責任遺伝子に到達した最初の例はデュシェンヌ型筋ジストロフィー(DMD)です．X染色体に欠失をもつ患者からスタートして，欠失部分に相当するDNAをクローニングし，ついに*DMD*遺伝子を単離しました．次に，*DMD*遺伝子がコードするタンパクであるジストロフィンは筋膜に局在することがわかり，患者の筋組織ではジストロフィンが欠損し，そのために発病することが判明しました．現在マウスでは，デュシェンヌ型の大きな変異をベッカー型変異に変えたり，小さなジストロフィンタンパクを使った遺伝子治療が成功しています．

表23　ポジショナルクローニング法で単離した代表的な疾患遺伝子

慢性肉芽腫症	ハンチントン病
デュシェンヌ型筋ジストロフィー	脊髄小脳失調症Ⅰ型
網膜芽細胞腫	ウィルソン病
膵嚢胞線維症	結節性硬化症
ウィルムス腫瘍	多発性嚢胞腎
神経線維腫症Ⅰ型	軟骨無形成症
脆弱X症候群	ウィスコット・オールドリッチ症候群
家族性大腸ポリポーシス	若年性乳がん/卵巣がん
無虹彩症	エメリー・ドレイファス筋ジストロフィー
筋強直性ジストロフィー	マシャド・ジョセフ病
メンケス病	脊髄筋萎縮症
X連鎖性無ガンマグロブリン血症	眼性白皮症

遺伝子の同定・単離には**候補遺伝子アプローチ法**も有効です(表24). この手法は, 実験動物などの遺伝子や機能の判明している遺伝子との相同性から, 機能を類推して候補とし, 患者における遺伝子変異を証明し, 責任遺伝子だと同定するものです. ヒトゲノムの塩基配列や大多数の遺伝子が判明した現在では, 疾患座の位置がわかると, ただちにその場所付近に数個の候補遺伝子が用意されていることになります. 本法は**位置的候補遺伝子法**と呼ばれています. 現在では先に述べた**エクソーム解析**や全ゲノム塩基配列決定で, 未知の遺伝病の原因変異を直接発見するアプローチが開発されています. 本アプローチによって, 複数の同じ疾患に罹患している患者に共通に変異がみつかる遺伝子を探すことで, 原因遺伝子が同定できるようになりました.

候補遺伝子アプローチ法 ある疾患の責任遺伝子を同定するとき, その候補を多数の既知の遺伝子のうちから選び, 解析する手法.

位置的候補遺伝子法 疾患座の染色体上の局在(位置情報)をもとに, それと同様の場所に局在することがすでにわかっている遺伝子を候補として解析する手法.

J. 遺伝子改変と再生医学

野生型(正常)遺伝子に人工的に変異を導入したり, 変異遺伝子を野生型に戻したり, さらにこのような改変遺伝子をもつマウスの表現型を調べる手法が, 最近の数年間で驚くべき進歩を遂げました. ゲノムDNAの断片を哺乳類細胞に導入すると, 染色体上にもともと存在する相同な配列を認識して, 時々DNA組換えを起こします. **相同組換え**と呼ばれ, 組換えが目標(ターゲット)とするDNA配列(または遺伝子)で起こるので**遺伝子標的法(ターゲティン**

遺伝子標的法(目標遺伝子操作) 目標とする遺伝子だけを破壊したり, 目標遺伝子の塩基を別の塩基に変えたりする技術のこと.

表24 種々の遺伝子単離法

- ●機能的クローニング
- ●位置的クローニング
- ●候補遺伝子アプローチ
- ●位置的候補遺伝子クローニング
- ●網羅的全エクソン・全ゲノム・全転写産物解析

グ）ともいわれます．遺伝子標的法によって，未分化な細胞で遺伝子改変を行い，初期発生胚に混同して発生させ，配偶子を経て次世代で生体まで発生させた**遺伝子改変動物**も，1980年代から数多くつくられるようになりました．

遺伝子改変を行う未分化細胞は，**胚性幹細胞（ES細胞）**を用いるのが一般的です．しかし，ヒトES細胞の遺伝子改変によるヒト個体の改変はありえませんし，受精卵から作成されるヒトES細胞の治療への利用も生命倫理的に大きな問題があります．

京都大学の山中伸弥教授が，ヒトの体細胞（線維芽細胞）に4種類の転写因子遺伝子を導入することによって，ES細胞のような多能性をもつ脱分化細胞である**iPS［誘導（人工）多能性幹］細胞**の作製に成功し，2012年のノーベル賞を受賞したのは記憶に新しいところです．iPS細胞は，自分自身の体細胞から樹立することが可能なため免疫拒絶反応がなく，さらに従来の技術である初期胚由来のES細胞に比べて倫理的問題が少ないという利点があります．2014年に世界で初めてのヒトへのiPS由来細胞の移植例として，滲出性加齢黄斑変性症の患者のiPS細胞から作成された網膜色素上皮を患者本人に移植する手術がわが国で行われました．その後，臨床研究として他人由来のiPS細胞を用いた移植も行われました．他人由来のiPS細胞を使う方法が確立されれば，費用の削減や移植までの待機期間が短縮できるため，臨床応用への期待が高まります．

一方，もともと生体内に存在し，臓器のもととなる幹細胞もあり，神経細胞に分化する能力をもつ神経系幹細胞や，造血性幹細胞，血管系幹細胞などが知られています．これらの各臓器に存在している幹細胞をみつけたり，それらを使った治療研究も再生医療応用への期待が高まっています．

遺伝子改変動物　遺伝子を改変した実験動物．多くはヒトの遺伝病の発症機構や，治療法の開発などの目的で作製される．

胚性幹細胞（ES細胞）　発生初期の細胞は，多くの組織に分化する能力（多能性）をもっている．通常は，胚盤胞の内部細胞塊から取り出した細胞を胚性幹細胞（ES細胞）といい，将来の再生医学のために研究されている．ヒトES細胞を構築するには，国の許可が必要である．

iPS細胞　ヒトの体細胞に遺伝子を導入することで作製されるES細胞のような多能性をもった細胞のこと．

K. ヒトゲノム計画と遺伝医学

ヒトがもつ1セットの遺伝子群をヒトゲノムと呼ぶことは前述しました．ヒトゲノム中には，総計約2万2千個の遺伝子が存在すると推定されていますが，その一部は疾患の原因ともなるものです．医学が疾患を克服するには，第1にその根本原因を明らかにすることです(図57)．原因が解明されたら，次には発症機構が明らかになり，その結果，治療法が開発されるのです．ヒトゲノム解析ですべての遺伝子がわかれば，どの遺伝子がどのように疾患にかかわっているかが判明し，さらには有効な治療法の開発が期待されます．

全世界規模の科学プロジェクトであった**ヒトゲノム計画**の目的は主として，①すべての遺伝子を明らかにすること，②すべてのDNA塩基配列を決定すること，③染色体の構造を明らかにすること，の3点でした．ヒトゲノム計画の結果は2003年に発表されました．ヒトゲノム計画の達成によって，疾患の原因が明らかになり発症前診断が可能になり，診断の自動化が進み予防医学が進展し，治療法の開発が進み安全・効果的な薬剤が開発されるなど，医学に及ぼす波及効果は非常に大きいと期待されました．確かに現状をみると，実際にパラダイム変換となりました(表25)．前述したように，次の課題は，量的形質の遺伝子(**疾患感受性遺伝子**)群の同定と，多因子疾患の解明です．一

疾患感受性遺伝子　＝易罹病性遺伝子

表25　ヒトゲノム計画が及ぼす医学的波及効果

- 疾患の原因が明らかになる
- 発症前診断が可能になる
- 診断の自動化が進む
- 予防医学が進展する
- 治療法の開発が進む
- 安全・効果的な薬剤が開発される

方，ヒトゲノム解析で明らかになった遺伝子(およびタンパク)の機能を明らかにすることも必要です．いったん機能が明らかになると，その知識を生かした新しい薬剤の開発(**ゲノム創薬**)が進むでしょう．将来の医療に向けた別のアプローチも進行中です．それは，患者1人ひとりのゲノムを解析し，診断や治療薬の選択に利用しようとするものです(129頁コラム17参照)．またこのような情報を1枚の電子カードに保存して，情報は病院のカルテに入れておいたり，いつでも持ち歩けるようにするゲノムカード計画があります．究極の個人情報ですね．

ゲノム創薬　ヒトゲノム計画の成果を生かした薬剤開発のこと．疾患遺伝子の機構(代謝障害など)が明らかになると，その欠陥を補正するような分子は治療薬として有効である．

L. RNA干渉(RNAi)

短いRNA (小分子RNA)により遺伝子の発現が抑制される現象のことで，その短いRNAは内在性と外来性のものがあります(Ⅱ-E，図10参照)．もともと生体に備わっているものとして，マイクロRNA (miRNA)とpiRNAがあり，外から人工的に入れるものにショート・ヘアピンRNA (shRNA)があります．miRNAとshRNAはヘアピン構造をとり，ダイサーと呼ばれるタンパクにより二本鎖RNAとして切り出されます．すると，その配列に相補的な配列をもつmRNAが分解されたり翻訳が抑制されることで，特定の遺伝子の発現が抑制されます．この現象を利用して，目的の遺伝子を人工的に抑制させることができます．しかし，発現を100％抑制するにはならないことや，オフターゲット効果といって，目的の遺伝子以外の遺伝子の発現を抑制してしまうことがあることを考慮する必要があります．このように遺伝子をコードしていないRNA分子にも遺伝子の調節を行っているということがわかり，ヒトの病気との関連も報告されつつあります．

M. ゲノム編集

ゲノムの配列を編集する技術を総称してゲノム編集と呼びます．最近実用化された手法がCRISPR/Cas9と呼ばれる手法です．CRISPR/Cas9システムを使ったゲノム編集では，目的とする任意の場所でDNA二本鎖切断を行い，その修復過程でエラーが起こることを利用して欠失や挿入などの変異を入れることができますし(図58)，1塩基を変

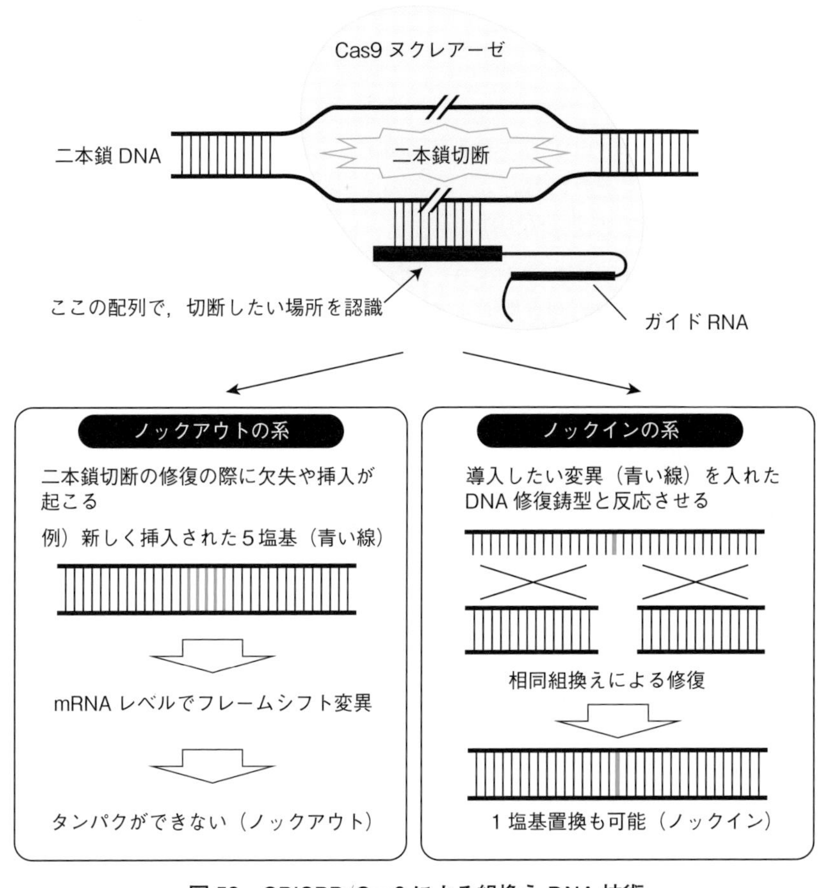

図58　CRISPR/Cas9による組換えDNA技術

化させたDNAを細胞内に同時に導入することで，二本鎖切断後の相同組換え修復機構を利用して1塩基だけを改変することもできるようになってきました．CRISPR/Cas9システムは，変異導入効率の高さと目的部位選定の自由度がこれまでの技術に比して圧倒的に高く，病的変化をもつ細胞やモデル動物の作成，その影響を観察することが容易にできるようになりました．将来的にはヒト疾患への遺伝子治療法として応用されると考えられます(129頁コラム18参照)．

N. 遺伝子診断法

遺伝病の診断は従来，医学的診断学や細胞学・生化学検査で行ってきました．それに対して，疾患の原因たる遺伝子変異そのものを分子遺伝学的方法で検出し，診断するのが**遺伝子診断**あるいは**DNA診断**です．DNA診断は従来の診断法に比べて，以下の利点をもっています．①あらゆる組織・細胞を検体として利用することができます．唾液中の口腔粘膜細胞や被検者の白血球からDNAを抽出して試料とするのが一般的です．②ヒトの一生のいつの時期でも診断が可能です．つまり，**発症前診断**も可能です．③診断結果は比較的明確(変異があるかないか)です．④保因者診断や遺伝的異質性，遺伝的複合体の診断も可能です．

一方，①遺伝子変異が家族で共有されることが多いこと，②診断結果によっては将来発症予見の可能性があること，または診断できないこともあること，③生命保険や就職・就学などで差別を受ける(遺伝子差別)可能性のあること，④個人情報の保護の観点などから，遺伝子診断の際には倫理的配慮や遺伝カウンセリング(Ⅸ-E参照)が必須なのです．

遺伝子(DNA)診断 遺伝子やDNAを調べることで疾患を診断すること．

発症前診断 症状が出る前に診断すること．

コラム 16　冗談に由来する名前

サザンはサザンハイブリダイゼーション法を開発した研究者(E.M. Southern)を記念した命名ですが，ノーザン(northern，北方)ハイブリダイゼーションはサザン(南方)をもじった命名です．タンパクを電気泳動して検出する方法はウェスタン(western，西方)ブロッティングといい，さらにもじった命名です．ちなみに，イースタン法はありません．この方法は日本人(東方)が開発すべきだという冗談があります．

コラム 17　個人的ゲノム解析

個人のゲノム解析が終了した1人は，DNAの構造を決定したノーベル賞受賞者のJ. ワトソンで2007年のことです．2人目が一企業だけでゲノムの全塩基配列を決めたセレラジェノミクス社のC. ベンター社長です．解析の結果，「ベンター氏の性格はドライだが(*ABCC11* の多型で決まる)耳あか型はウェットであり，*MAOA* 遺伝子の直前にある反復配列が3個しかないと反社会的行動と関連するけれども彼は4個をもち，彼の *APOE* と *SORL1* 遺伝子の塩基配列はアルツハイマー病の危険因子である」とニュースで報じられました．日本人の個人ゲノムは2010年に解読されました．ワトソン博士の個人解析では，解析は2ヵ月，1億2千万円かかりましたが，最近では数日間，10万円で，さらに技術の進歩によって，近い将来は1時間，1万～数万円になると予想されています．

コラム 18　批判を受けたゲノム編集ベビーの誕生

ある中国の研究者が，ゲノム編集で *CCR5* 遺伝子を欠失させた受精卵を作成し子宮に戻し，赤ちゃんが誕生したというニュースが世界を駆け巡りました．この遺伝子が欠失することにより，エイズの原因であるHIVを細胞内に侵入させることができなくなります．わが国や米国などでは，ヒト受精卵のゲノムを編集し子宮に戻したり，次世代に受け継がれる遺伝子改変の実行は禁止されています．しかし，この研究者はエイズの感染を防ぐという目的だけのために，研究者によりCRISPR/Cas9の技術を使いゲノムを改変されたヒトを作成したのです．倫理的な問題，安全性など検証もされておらず，また論文などにも発表されていません．「時期尚早で無謀な人体実験」との批判が大勢を占めています．

病気の遺伝学

A. 先天性疾患

先天性疾患(先天異常症)とは，原因が出生する以前にある疾患の総称で，単一遺伝子病，染色体異常症，多因子遺伝病，および胎内環境因子による**発生異常**を含みます．先天性疾患のすべてが遺伝性疾患ではないことには注意する必要があります．

発生異常　受精→初期発生→器官形成の経過中に，なんらかの外因が作用して起こる奇形や機能異常．

胎内環境要因による発生異常の代表的なものとして，妊娠中に感染したことによる胎児への影響で，トキソプラズマ，風疹ウイルス，サイトメガロウイルス，ヘルペス先天感染症などがあります．これらの感染による胎児の影響は，小頭症，難聴，白内障などをきたすことが知られています．また，リオデジャネイロオリンピックのときに話題になった，ジカウイルス感染症なども胎児に小頭症などの先天異常をきたすことがあります．また妊娠中のアルコール多飲や，一部の薬剤でも催奇形性が認められています．

ほかの，ほとんどの多くの先天異常は，染色体異常や遺伝子変異に基づく異常に分類されます．これらの遺伝子や染色体がかかわる個々の疾患については，詳細は専門書に譲りますが，以下そのうちいくつかの疾患について説明することにします．

a. 染色体異常，微細染色体異常，ゲノムコピー数多型の異常

Ⅲ-C，表 7 で述べたように，染色体の本数の異常による疾患は 13，18，21 トリソミーがあります．常染色体のうちで染色体が 3 本になっても出生するのは，モザイク以外ではこの 3 種類しかありません．性染色体では，X 染色体が 1 本で表現型が女性のターナー症候群，XXY 男性のクラインフェルター症候群が有名です．常染色体では，2 本の相同染色体上にある遺伝子の量的効果が必須のようで，ある常染色体 1 本の完全な欠失(モノソミー)は生まれてくることができません．しかし，染色体の一部の領域のモノソミーは影響が少なく出生できます．ただし，第Ⅳ章のメンデル優性遺伝で述べたように，ハプロ不全として半分の遺伝子量効果により先天異常を発症することがあります．比較的大きな染色体部分欠失には，5 番染色体短腕部分欠失の猫なき症候群が知られています．

最近の細胞遺伝学の技術的進展により，従来検出されなかった微細な染色体欠失も検出され，その欠失による発症が明らかにされてきています．染色体 15q11-q13 領域欠失のプラダー・ウィリー症候群/アンジェルマン症候群，染色体 22q11.2 領域欠失のディジョージ症候群などは比較的古くから知られていましたが，染色体 7q11.23 領域欠失のウイリアムズ症候群，1p36 欠失症候群，染色体 5q35 領域欠失のソトス症候群，染色体 17p11.2 領域欠失のスミス・マゲニス症候群などがあります．ゲノムコピー数の増加する染色体 17p11.2 領域の重複によるシャルコー・マリー・トゥース病 1A 型，染色体 15q11-q13 領域重複の自閉症なども知られています．知的障害の症例にも，さまざまな染色体上のゲノムコピー数の増減が報告されてきており，今後は，これまで検査対象になっていない領域のゲノムコピー数異常がみつかってくると思われます．

b. 単一遺伝子異常による先天異常

1つの遺伝子が変異を起こすことにより発症するメンデル遺伝を示す先天異常です．第Ⅳ章で述べた通り，相同染色体上のある遺伝子の片方の変異だけで発症する常染色体優性遺伝病，相同染色体上の両方の遺伝子の変異により発症する常染色体劣性遺伝病，X染色体上の遺伝子変異によるX連鎖優性・劣性遺伝病があります．現在，次世代シークエンサーの技術により多くの単一遺伝子病の原因遺伝子が単離されています．そのデータは遺伝性疾患の研究のデータベースであるOMIMなどから検索でき，現在15,000種類以上の遺伝子と疾患の関連が登録されています（149頁コラム19参照）．

常染色体優性遺伝病でもっとも頻度の多いのは，フォン・レックリングハウゼン病（神経線維腫症Ⅰ型）で，罹患率はおおよそ3,000出生に1人です．*NF1* 遺伝子の変異で発症し，症状は個人差がありますが，**カフェ・オレ斑**と皮膚より下の組織にできる良性の神経線維腫がみられます．

また，常染色体優性遺伝病の中で世代を超えて重症化する疾患があります．この現象を，第Ⅳ章で述べた通り表現促進といいます．神経疾患の中で**表現促進**を示す**トリプレットリピート病**で比較的頻度が多いのは，筋強直性ジストロフィーです．筋強直性ジストロフィー1型（DM1）は常染色体優性の進行性神経変性疾患で，臨床症状は軽症から重症まで幅があり，軽症型，古典型，先天型の3つに分類されます．軽症型は白内障，軽度の筋強直現象（筋収縮状態の遷延）を特徴とし，生命予後は良好です．古典型は筋力低下・萎縮，筋強直現象，白内障を特徴とし，しばしば心伝導障害を伴い，生命予後も短くなる場合があります．先天型DM1は生下時の筋緊張低下と全身の著明な筋力低下を認め，呼吸不全をきたし早期に死亡します．19番染色体に存在する *DMPK* 遺伝子の3′非翻訳領域に存在

カフェ・オレ斑　皮膚の一部がミルクコーヒーのようになった色素斑．神経線維腫にみられることがある．

表現促進　トリプレットリピート病．家系内で変異遺伝子を受け継いだ患者は，世代を超えるごとに重症度が増す状態．

するCTG反復配列の異常な伸長が原因です．正常のCTG反復回数は5～34回ですが，軽症型では50～150，古典型では100～1,000，先天型では2,000以上に増幅しています．トリプレットリピートの増加と重症度が比例しています．世代を超えるごとにトリプレットリピートの伸長が認められますが，DM1の場合は母親生殖細胞で大幅に伸長する傾向があります(図59)．したがって，このCTG反復の伸長があれば，発症前の若いときでも患者だと診断できるのです．しかし，有効な治療法がない現在，このような重症な疾患を発症前に診断されることを望む人がいるでしょうか．この意味で発症前診断の是非が社会的問題になっています．

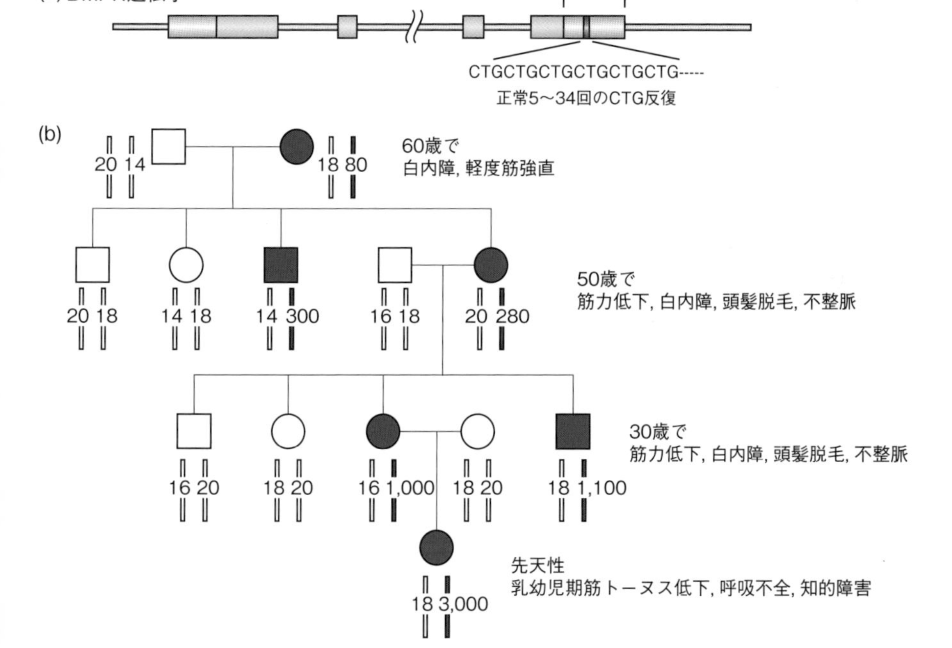

図59　筋強直性ジストロフィーの家系例

数字はトリプレットリピート反復数を示している．世代を超えるごとに反復数が増加している．

常染色体劣性遺伝病である囊胞性線維症が高頻度で西洋人にみられます．*CFTR*という遺伝子の変異によって，全身の粘膜の塩化物イオンチャンネルの輸送能力が障害され，気管支，消化管，膵管などが粘稠分泌液で詰まり，肺炎や気管支炎を繰り返します．CFTRタンパクは，細胞膜に組み込まれて塩化物イオンの通り道(チャンネル)として働いています．*CFTR*遺伝子の変異をホモ接合でもつ人は重篤な症状が発症しますが，ヘテロ接合をもつ人は，コレラ菌やチフス菌の下痢症状による脱水に耐性があったため，保因者が多くみられるという説もあります．

これと同じようにアフリカ系人種に多くみられる常染色体劣性疾患である鎌状赤血球症は，*HBB*遺伝子変異のホモ接合で重症化しますが，ヘテロ接合の場合はマラリアに耐性があります(Ⅵ-D参照)．長い間マラリア感染症が存在する地域環境のため，アフリカ人には*HBB*遺伝子変異の保因者が多くみられます．このような状況のため，米国では保因者診断が早くから進んでおり，一般の人もメンデル遺伝の知識を有する人が多くいます．

わが国では，このような国内で保因者が多い常染色体劣性遺伝病はあまりありません．しかし，いとこ婚などの近親婚が多い地方が過去にはあったため，多様な常染色体劣性遺伝病は比較的多く認められます．様々な分子を代謝する酵素が，劣性形質でほとんど活性がなくなる先天性代謝異常のほとんどが，常染色体劣性遺伝病に属します．

先天性免疫不全を示す，アデノシンデアミナーゼ(ADA)欠損症という疾患があります．ADA欠損症はプリンの代謝異常のため，その前駆物質が蓄積しリンパ球などで障害が現れます．他の重症複合免疫不全症と同様に，免疫システム全体がともに障害されるため，乳幼児期に感染症を繰り返し死に至る重篤な免疫疾患で，遺伝子治療がわが国で初めて行われた疾患です(図60)(Ⅸ-F参照)．

鎌状赤血球症　赤血球の形状が鎌状になり酸素運搬機能が低下する貧血症．主にアフリカ，地中海沿岸，中近東，インド北部でみられる．ヘモグロビンβ遺伝子のホモ変異で重篤な貧血症になる．

保因者診断　主に家系内に常染色体劣性遺伝病，X連鎖劣性遺伝病が存在したり，染色体均衡型転座保持者などの健康な個人が，変異や染色体異常をもっているかどうかを検査すること．次子の再発率を明らかにしたり，出生前診断に役立てられる．

遺伝子治療　現在の臨床では，外部の遺伝子を人工的に細胞や組織に移入し，有用なタンパクを発現させ，病的な状況を改善させる方法．今後，ヒトゲノム編集などの高度な技術の応用の可能性がある．

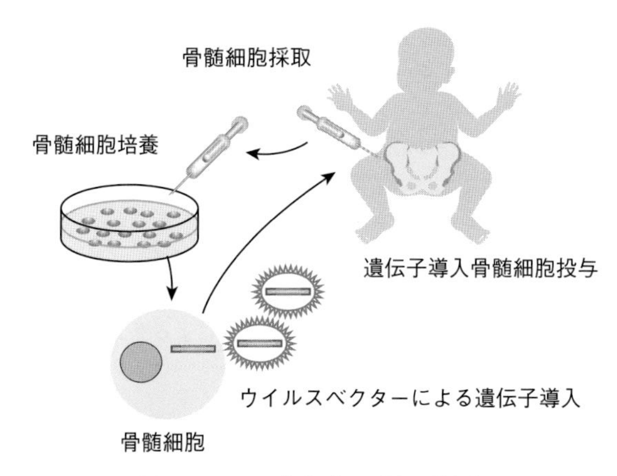

図 60　ADA 欠損症の遺伝子治療

患者からの骨髄を採取し，培養中にウイルスベクターを用いて正常 *ADA* 遺伝子を骨髄細胞に移入する．その骨髄細胞を患者に戻すことにより，外来から移入された *ADA* 遺伝子が発現し正常のタンパクが産生される．

X 連鎖劣性遺伝病にも，先天性代謝異常があります．有名な疾患には，ロウ症候群，ファブリー病，G6PD 欠損症，ハンター病，レッシュ・ナイハン症候群などがあります．また，第Ⅳ章で述べた通り血友病 A や血友病 B も代表的な X 連鎖劣性遺伝病です．

他の X 連鎖劣性遺伝病には，デュシェンヌ型筋ジストロフィー(DMD)があります．DMD は原則男性に限って発症し，筋肉は進行性に萎縮し，対処療法が進んでいる現在でも，大多数の患者は 30 歳前後に死亡します．DMD の発症機構は長い間不明でしたが，X 染色体に欠失をもった罹患男児が発見され，その遺伝情報をもとに位置的クローニング法で責任遺伝子(*DMD*)が単離されました．DMD 患者の大多数は *DMD* 遺伝子中に大きな欠失をもち(図 61)，欠失はフレームシフト変異を起こします．一方，より軽症の X 連鎖劣性遺伝病のベッカー型筋ジストロフィー(BMD)にも *DMD* 遺伝子の欠失がありますが，これは主にインフレーム変異です．したがって，臨床的に

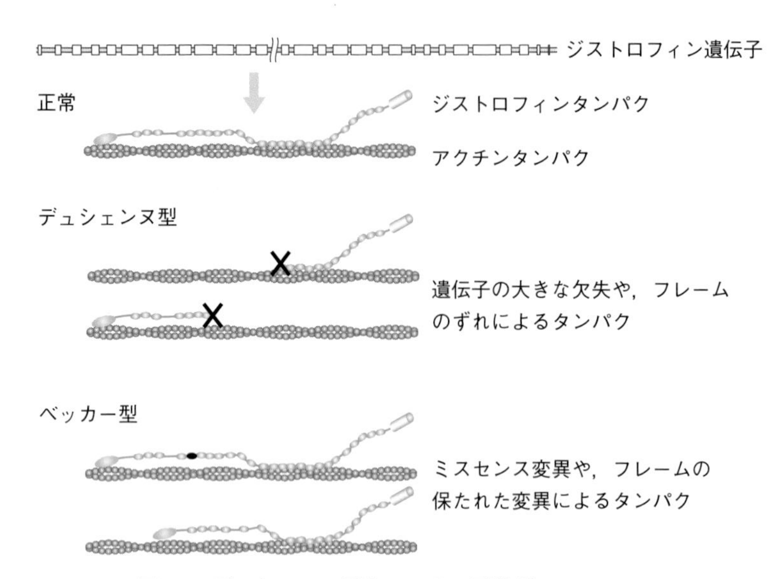

図 61　デュシェンヌ型とベッカー型筋ジストロフィー
ジストロフィンタンパクは，筋肉細胞内でアクチン線維と細胞膜につながるタンパクで，筋肉細胞の安定化に関与している．同じジストロフィン遺伝子の変異により発症するが，デュシェンヌ型は大きな欠失やフレームシフトなどで，ジストロフィンタンパクの機能が大きく損なわれるが，ベッカー型は短いタンパクになったり，一部のアミノ酸の変異のためジストロフィンタンパクの機能は大きく損なわれない．

は別種の疾患ですが，DMD と BMD は同一遺伝子の異なる種類の変異(**アレル異質性**)が原因なのです．現在，*DMD* 遺伝子産物であるジストロフィンの機能について研究が進み，遺伝子治療の可能性も高まってきました．大きな遺伝子なので筋細胞に正常遺伝子を導入するのは困難ですが，重症の DMD 型変異を，BMD 型に変え症状を軽くする研究がマウスでは成功しています．

このような単一遺伝子疾患は頻度が少なく，また個々の疾患に対して根本的な治療法はほとんど確立していないのが現状です．

アレル異質性　同じ遺伝子内の変異による発症でも，変異の場所や種類により，重症度や疾患名そのものが違うこと．

B. 多因子疾患

a. 生活習慣病

本態性高血圧症や糖尿病などの生活習慣病も遺伝的背景をもっていることは周知のことです．その大多数は多因子疾患であり，最近は分子遺伝学的解析が進展し，種々の**疾患感受性遺伝子**が明らかになってきました．従来体質といわれていた遺伝要因（易罹病性）に加え，食生活，運動，飲酒，喫煙などの生活習慣や，ストレス，感染などの外的刺激によって発症すると考えられています（Ⅵ-F，150 頁**コラム 20** 参照）．これらの多くの感受性遺伝子は，**ゲノムワイド関連解析（GWAS）**（Ⅵ-G，108 頁**コラム 15** 参照）という手法で単離されています．2002 年に理化学研究所が行った心筋梗塞の感受性遺伝子が初めて報告され，その後ゲノム全体の 1 塩基多型（SNP）を用いた感受性遺伝子の単離が 2005 年ごろからさかんに報告されています．この手法は患者群と正常群を分け，患者群はどの SNP を多くもっているかという単純な統計的な検定を全ゲノムで大量の検体と大量の SNP で行う手法です．そこで患者群に有意に高く保持している SNP は，その疾患に関連がある可能性が高くオッズ比という形で検出されます．

しかし，実際の GWAS ではあまり高いオッズ比を示す多型は検出されていません．日常では，その多型をもっているとどれぐらいの倍率で発症するかより，その感受性 SNP を何種類ももっている人が，どれぐらいの頻度で発症しているかの相対リスクが知りたいところでしょう．これらのデータはコホート研究で検出されますが，現在世界で**大規模なコホート研究**が進んでおり，SNP や環境の疾患への影響が集積されているところです．

以下に GWAS や他の関連解析で単離された代表的な感受性遺伝子を疾患ごとに列記します．

大規模なコホート研究 ある地域，または国レベルで，非常に多数のサンプルを用いて，その集団の中でリスク曝露群と非曝露群に分けて，将来罹患するかどうかを統計学的に解析する研究．生まれつきもっているある種の遺伝子多型もリスクとして扱われる．

関連解析 遺伝子多型と，疾患や量的形質との関連を統計的に調べる解析方法．

(1) 高血圧症

本態性高血圧症は収縮期血圧≧140 mmHg または拡張期血圧≧90 mmHg（140/90 mmHg 以上）で，原因が明確でない高血圧の総称です．日本人では 30 歳以上の男性の 50%，女性の 40% が高血圧です．環境要因のほかに高血圧感受性遺伝子が同定されつつあります．レニン・アンジオテンシン系のアンジオテンシノージェンをコードしている遺伝子（*AGT*）はその 1 つです．この**遺伝子内の多型**（M235T）が高血圧と強い関連を示すことが判明しています．正常血圧の人は 235 番目のアミノ酸がメチオニン（M235）であることが多いのに対して，高血圧の人ではこれがスレオニン（T235）に変化していることが多いのです．T235 をもつ個体では，血中アンジオテンシノージェン濃度が高く，それによるレニン・アンジオテンシン系の持続的亢進が血圧を高めると考えられています．興味深いことに，T235 とそれに連鎖する別の多型は他の霊長類も保有していて，チンパンジーでも食塩負荷で血圧が上昇します．このことは，ヒトは太古の昔から AGT M235T 多型をもっていて，元来，人類の祖先が塩の少ない環境でも生存できるような遺伝子（**節約遺伝子**）だったのに，文明以降，塩を多く摂取するようになり，この多型をもつ人が高血圧となったと考えられています．

節約遺伝子　少ない食物・塩などの環境でも生存できるように，エネルギー消費や代謝を節約するように進化した遺伝子．

高血圧自然発症ラットの研究から，高血圧関連遺伝子の 1 つにアンジオテンシン変換酵素遺伝子（*ACE*）が報告されています．ヒトでは *ACE* のインデル多型（I/D）のうち DD 型が男性特異的に高血圧リスクを高めます．その他にも多数の高血圧関連遺伝子が同定され（表 26），その解明によって将来発症予防や発症前診断につながると期待されます．

(2) 糖尿病

糖尿病は若年発症のインスリン依存型糖尿病（1 型糖尿病，IDDM）と，それ以外のインスリン非依存型糖尿病（2

表 26　高血圧症の原因・関連遺伝子

遺伝性高血圧症（単一遺伝子性）	原因遺伝子（染色体上の局在部位）
ミネラルコルチコイド受容体異常症	核内受容体サブファミリー 3 遺伝子　*NR3C2*（4q31.23）
グルココルチコイド奏効性アルドステロン症	*CYP11B2* と *CYP11B1* との融合遺伝子（8q24.3）
11 β 水酸化酵素欠損症	シトクローム P450 サブファミリー XIB 遺伝子　*CYP11B1*（8q21）
17 α 水酸化酵素欠損症	シトクローム P450 サブファミリー 17 遺伝子　*CYP17*（10q24.3）
ミネラルコルチコイド過剰症（AME）	11 β-水酸化ステロイド脱水素酵素 2 型遺伝子　*HSD11B2*（16q22.1）
リドル症候群（擬性アルドステロン症）	Na^+チャンネル遺伝子　*SCNN1B* または *SCNN1G*（16p12.2）
本態性高血圧症（多因子性）	**関連遺伝子（染色体上の局在部位）**
	アンジオテンシノージェン遺伝子　*AGT*（1q42.2） アンジオテンシノージェンⅠ変換酵素遺伝子　*ACE*（17q23.3） レニン遺伝子　*REN*（1q32.1） アンジオテンシンⅡ受容体 1 型遺伝子　*AGTR1*（3q24） α アデュシン遺伝子　*ADD1*（4p16.3） グルココルチコイド受容体遺伝子　*GCCR*（5q31.3） インスリン受容体遺伝子　*INSR*（19p13.2） 心房 NA^+利尿ペプチド（NPPA）遺伝子　*NPPA*（1p36.22） α2 アドレナリン受容体遺伝子　*ADRA2A*（10q25.2） G タンパク β3 サブユニット遺伝子　*GNB3*（12p13.31） グルカゴン受容体遺伝子　*GCGR*（17q25.3）

型糖尿病，NIDDM）の 2 種に大別されます．1 型糖尿病の多くは遺伝素因をもつ個体にウイルス感染などの環境因子が作用し，膵臓の β 細胞に対する自己免疫抗体ができるために β 細胞の破壊が起こり，インスリン分泌不全に至る疾患です．1 型糖尿病は，ヒト主要組織適合遺伝子複合体（MHC）クラスⅡ遺伝子の 1 つである *HLA-DR* と *HLA-DQ* の遺伝子型が発症に関連し，前者のうち *DR4* と *DR9*

が日本人の１型糖尿病には多いことが明らかになっています．

２型糖尿病の一部にはインスリン遺伝子やインスリン受容体遺伝子，グルコキナーゼ遺伝子，ミトコンドリア遺伝子などの変異によるインスリンの分泌障害などがあります．日本人に起こる２型糖尿病の原因遺伝子の１つが明らかとなりました．アディポネクチン遺伝子(*ADIPOQ*)イントロンのSNP (276 G>T)のGG遺伝子型の人が肥満になると，２型糖尿病の発症リスクが２倍高いことがわかりました(150頁コラム21参照)．その他，*KCNJ15*，*KCNQ1*，*CDKAL1*，*ANK1*など多くの遺伝子の多型と２型糖尿病との関連が明らかになってきています．これらは日本人を対象にしたGWASの成果で，日本人やアジア人特有の疾患感受性遺伝子です．

(3) アルツハイマー病

アルツハイマー病はドイツの精神科医のアルツハイマーによって記載された代表的な老年認知症です．短期記憶の障害から始まり次第に行動異常などが起こり，認知症となります．30〜60歳台で発症する遺伝性の家族性アルツハイマー病と，60歳以降に発症するアルツハイマー型認知症の２つに大別されます．アルツハイマー病の感受性遺伝子の候補は多数にのぼります．代表的なものとして，21番染色体上の*APP*(アミロイドβ4前駆体タンパク)遺伝子，14番染色体長腕の*PS1*(プレセニリン1)遺伝子および１番染色体長腕の*PS2*遺伝子，19番染色体上の*APOE*(アポリポタンパクE)遺伝子のアレルE (APOE4)などです．それぞれに変異が同定されていますが，なかでも*PS1*遺伝子の変異が早期発症型のアルツハイマー病の原因の１つと判明しました．

(4) パーキンソン病

パーキンソン病は，ドーパミンという神経伝達物質を含む神経細胞が変性して脱落するために，50歳くらいから筋肉の硬化や，震え，緩慢な運動，姿勢が保持できないなどの症状が出現する病気です．遺伝形式も様々で，単一の疾患ではなく，少なくとも20種の病気の総称です．家族性パーキンソン病のうち，常染色体劣性遺伝で若年発症するタイプの多くはパーキン遺伝子(*PRKN*)の欠失が原因で，日本人に多いとされています．常染色体優性遺伝のタイプは*SNCA*遺伝子や*UCHL1*遺伝子など多くの原因遺伝子が同定されています．L-ドーパを投与することでドーパミンを補充する治療法が一般的です．

b. アレルギー疾患

気管支喘息やアレルギー性鼻炎，アトピー性皮膚炎などのアレルギー性疾患は従来から遺伝性が指摘され，その感受性遺伝子が探索されてきました．喘息または喘息関連形質では*PTGDR*(プロスタグランジンD2受容体)や*GPRA*(Gタンパク共役受容体)，*HNMT*(ヒスタミン*N*メチル転移酵素)，*ADRB2*(β2アドレナリン受容体)，*IL21R*(インターロイキン21受容体)遺伝子などが，アレルギー性鼻炎では*IL13*(インターロイキン13)，*FOXJ1*(フォークヘッドボックスJ1)遺伝子などが関与することが示唆されていますが，依然として決定的な**主遺伝子**はわかっていません．

主遺伝子　多遺伝子のうち，もっとも疾患発症効果の高い遺伝子．

4種のアレルギー反応のうち，1型アレルギーは，本来，寄生虫に対しての防御を担う免疫グロブリンE(IgE)抗体がかかわっています．飢餓と隣り合わせだった太古の昔には寄生虫に感染した小児は発育が悪く，寄生虫に抵抗性を示すIgE値が高いアレルギー体質の人類が適応し有利になったのでしょう．近年では寄生虫がほぼ完全に駆除され，アレルギー体質という負の一面が前面に出てきたのだと考えられています．

c. 自閉症(自閉症スペクトラム障害)

自閉症は，重度の社会性の障害，コミュニケーションの障害，限定されたものへの興味を示し，反復的行動の繰り返しを特徴とする，小児発症の神経発達障害です．親の子育てや教育環境は関係なく，遺伝性の要因が大きくかかわっている多因子遺伝病です．自閉症に関する遺伝座や遺伝子が複数確認されています．*SHANK3* の変異は，大きな影響を及ぼすまれな遺伝子変異として単離されました．この変異をもつ人の多くは自閉症を発症しますが，必ずしも変異保持者が発症するとは限りません．これが，多因子遺伝病の複雑なところです．また影響は小さいですが比較的高い頻度でみられる遺伝子多型との関連性も示唆されています．

C. が　ん

成人の身体の細胞総数はほとんど変化しません．それは死滅する数だけ分裂によって増加し，余計には増えないように調節されているからです．しかしこの調節機構が破綻すると，細胞は増殖し続け「がん」となります．細胞数を調節している遺伝子は**がん原遺伝子**，**がん抑制遺伝子**，**DNA 修復遺伝子**，および**エピジェネティック修飾**(V–B 参照)の 4 種類に大別できます．細胞の増殖を車にたとえると，がん原遺伝子はアクセル，がん抑制遺伝子はブレーキ，DNA 修復遺伝子は整備，さらにエピジェネティック修飾は最近の車に使われているコンピュータ制御に相当します．変異が生じることによりアクセルが踏まれっぱなしになると車は暴走し，ブレーキの故障は停止できず，整備やコンピュータ制御が不十分だとやはり暴走の危険があります(図 62)．がんは 1 つの遺伝子の変異で発生するのではなく，いくつかの遺伝子の変異が積み重なって起こるも

がん原遺伝子　正常の状態では，細胞周期や分裂などを調節する遺伝子だが，変異を起こすと「がん」の原因となるような遺伝子．

がん抑制遺伝子　正常の状態では，腫瘍の発生を抑えている遺伝子．この遺伝子の機能が失われると発がんする．

DNA 修復遺伝子　DNA 塩基の変異を修復する酵素をコードする遺伝子．

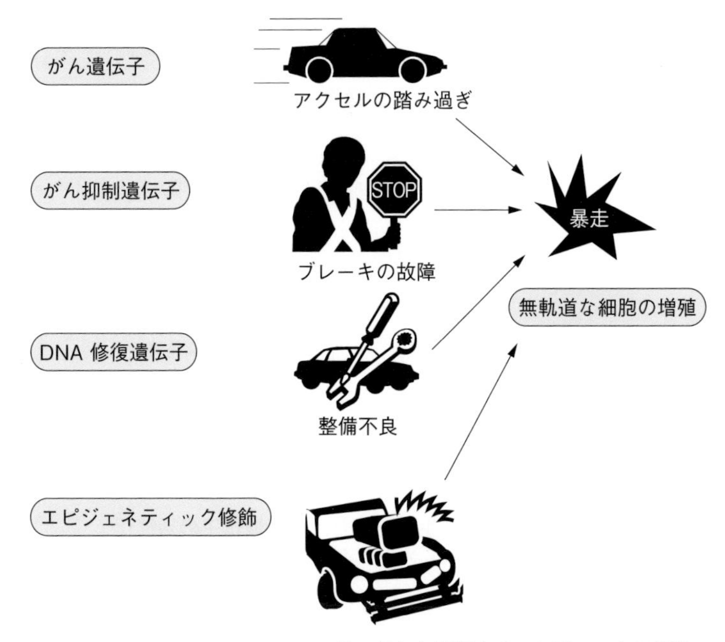

図 62　がん遺伝子，がん抑制遺伝子，DNA 修復遺伝子，エピジェネティック修飾

のです．

a. がん原遺伝子の活性化

がん原遺伝子に変異が起こると**がん遺伝子**に変化します．たとえば *RAS* と呼ばれるがん原遺伝子に G から C への塩基置換が起き，12 番目のコドンが GGT → CGT と変化すると RAS タンパクはグリシンがアルギニンに変わります．変化した RAS タンパクは無限に細胞を増殖させてしまうのです．染色体転座によってがん原遺伝子が偶然に別の遺伝子のプロモーターの下流に転座して恒常的に活性化されたり（図 63），がん原遺伝子がなんらかの原因でその数を増やして遺伝子発現が増加したときにも「がん」になることがあります．前者は**融合遺伝子**，後者は**遺伝子増幅**

がん遺伝子　「がん」を起こす遺伝子．

融合遺伝子　遺伝子が別の遺伝子へ転座し，融合して 1 つの遺伝子となること．☞ 55 頁および表 9 参照

遺伝子増幅　1 つの遺伝子が縦列重複して，多数のコピーをつくること．

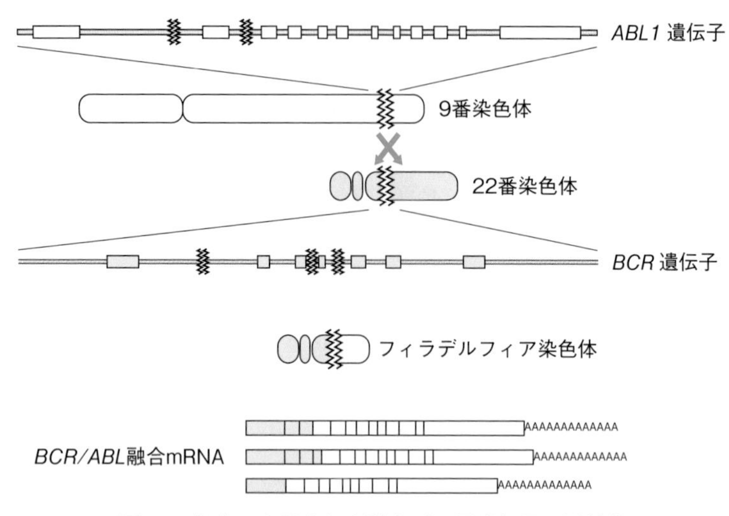

図 63　転座により生じた融合がん原遺伝子の活性化

正常では，ABL は細胞増殖や接着，分化にかかわるチロシンリン酸化シグナルをコードしている遺伝子であり，BCR は GTPase 活性化タンパクで，細胞内シグナルの伝達にかかわっている．染色体の転座により切断点に存在する ABL と BCR が融合し，発現する融合タンパクは過剰なシグナルとなり，白血病を誘発する．

の例です．

b. がん抑制遺伝子の機能喪失

がん抑制遺伝子には細胞増殖を制御するゲートキーパー(門番)遺伝子と，ゲノムの安定化や遺伝子変異の修復にあたるケアテイカー(安定化)遺伝子があります．下に述べる網膜芽細胞腫遺伝子(*RB1*)はゲートキーパー遺伝子で，米国の女優の発がん前乳房切除手術で有名になった家族性乳がんの遺伝子である *BRCA1* や *BRCA2* はケアテイカーの代表です．

がん抑制遺伝子(ゲートキーパー)の変異によるがんは2段階で起きます．これを**2段階仮説**といいます(図 64)．網膜芽細胞腫遺伝子 *RB1* を例にしますと，片方のアレル(R)に変異が起き(R→r)となるのが第1段階(第1ヒット)

2段階仮説　ある種の遺伝性腫瘍は，がん抑制遺伝子に起こる2つの独立した変異(第1ヒットと第2ヒット)が原因で生じるという仮説．

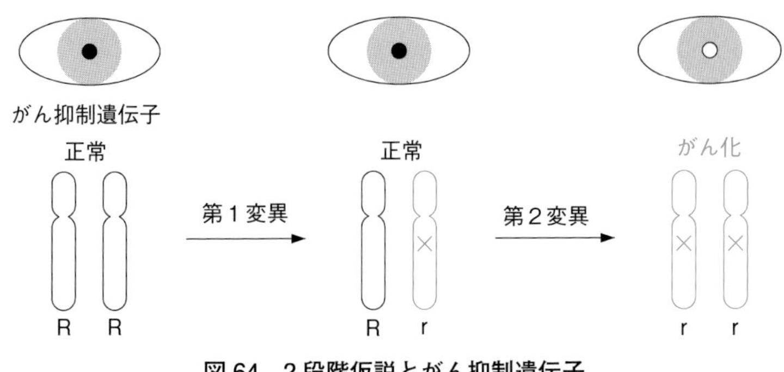

図 64　2段階仮説とがん抑制遺伝子

です．この段階でもまだ他方のアレル(R)が細胞増殖を抑制できます．次いで他方のアレル(R)にも変異や欠失が生じる(第2ヒット)と網膜芽細胞腫となります．この腫瘍は，遺伝性(家族性)のものと，非遺伝性のものとがありますが，遺伝性の腫瘍では親がもつ変異遺伝子(r)が子に伝達され，生まれた時点ですでに第1ヒットをもっていますので，網膜細胞中で第2ヒットが起こればただちに発がんし(図65)，発症が早く，また腫瘍は両眼性です．これに対して非遺伝性のものでは，網膜細胞中で連続して2回のヒットが起きなければ発がんしないので，遅発性で多くは片眼性です．

DNAは電離放射線，紫外線，細胞内に生ずる活性酸素，体外由来の薬剤などにより損傷を受けます．DNAの損傷は生物に致命的な結果をもたらします．しかし，細胞内には損傷を修復する機構(ケアテイカー)があります．そのうち，DNA上の傷自体を取り除き，新たにその部分だけを合成して修復してしまうのが**除去修復**です．このほかに，傷がついたままいったんDNAを複製し，その後に修復する**組換え修復**機構なども存在します．これらの修復機構は種々の修復酵素が関与していますが，その遺伝子変異によって，もしDNAの傷が治らなければ一部は残存し発

除去修復　傷がついたDNA鎖の一部を切り捨て，無傷な鎖上の塩基をもとに再合成し，修復する機構．

組換え修復　一方のDNAに傷がついたとき，無傷な染色分体DNAまたは，相同染色体上のDNAを鋳型として修復する機構．特に二本鎖切断のときには，重要な役割を果たす．

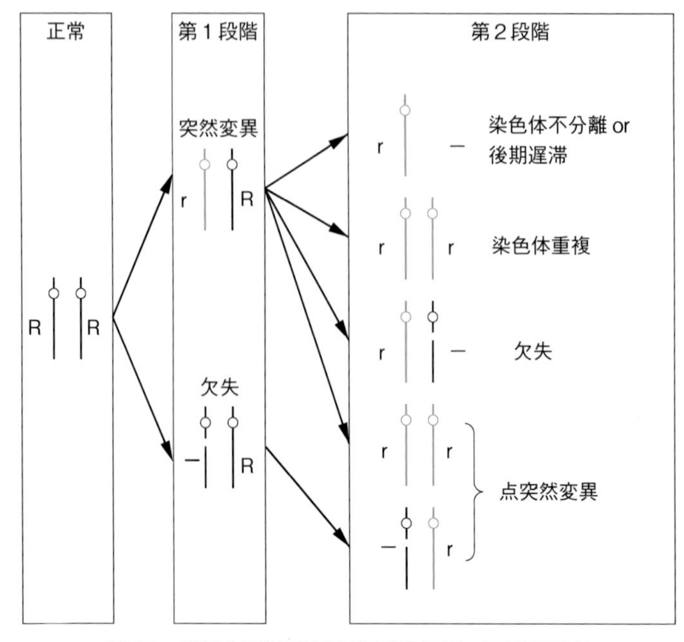

図 65　劣性変異網膜芽細胞腫遺伝子 r の発現機序
R は野生型遺伝子，－は遺伝子欠失.
(Murphree AL et al : Retinoblastoma : clues to human oncogenesis. Science 223 : 1028–1033, 1984 より引用)

がんの原因になることがあります.

c. 発がんのプロセス

複数の遺伝子変異を経て発がんすることは前述しましたが，大腸がんが「正常粘膜→良性ポリープ→悪性大腸がん」へ進行する典型例ですので，それをもとに説明します．第1ステップは，*APC* と呼ばれるがん抑制遺伝子の不活化変異で腺腫が生じ，次いで K-*RAS* 遺伝子の点変異により腺腫が増悪し，最後に *TP53* 遺伝子の不活化変異で大腸がんが発生するのです(図 66)．また，他の種々の遺伝子異常により，浸潤や転移が起こると考えられています．変

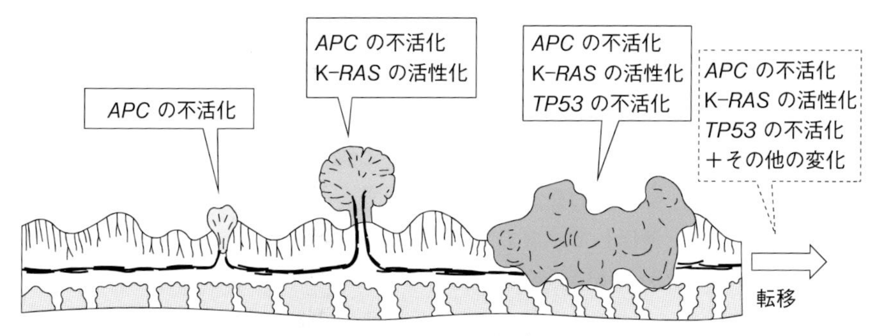

図 66　大腸がんの発生プロセス

異が連続して起こる様子は，段々になった滝(カスケード)のようなので，**発がんのカスケード**と呼ばれています．

発がんのカスケード　正常細胞→良性腫瘍→悪性腫瘍のような各段階を経て「がん」になること．

d. 遺伝性のがん

多くのがんは多因子性です．家族内にがん発症者が多いと，がんにかかる確率が高いのは昔から知られていたことですが，メンデル遺伝病のように1/2や1/4で遺伝することはありません．環境因子とがんになりやすさの遺伝的多型の組合せによって発症します．

多因子性のがんに比べると頻度は少なくなりますが，メンデル遺伝病のような高い確率で遺伝する**遺伝性腫瘍**があります．家族性大腸ポリポーシス(家族性大腸腺腫症)，遺伝性乳がん・卵巣がん症候群，フォンヒッペル・リンドウ病，多発性内分泌腫瘍症(MEN) 1 型・2 型，リー・フラウメニ症候群などが，それに相当します．これらの原因遺伝子は，がん抑制遺伝子的な働きをする遺伝子の 2 つのアレルの変異によって起こります．がん抑制遺伝子の機能は劣性の形質のため，体細胞の 1 つの細胞内で 2 つの対立遺伝子の両方に変異が起こると，細胞増殖の抑制が効かなくなります．家族性に発症する患者は，この 1 つのアレルに生まれつき変異をもっていますが，1 つのアレル変異は表

遺伝性腫瘍　腫瘍に罹患するという形質が遺伝すること．

現型や生殖年齢まであまり影響しないため，常染色体優性遺伝として子孫に伝わります．しかし，体細胞分裂を繰り返しているうちに，もう1つのアレルに変異が入ってしまった細胞は，その後増殖抑制が効かずがんへと進展してしまいます．また，多因子的ながんの発症より若年でがんが発症し，家系内で遺伝していきます．発症前に乳房を切除し有名になった米国女優は，遺伝性乳がん・卵巣がん症候群の家系で，遺伝子検査で乳がんの発症と関連がある *BRCA1* 遺伝子の変異が検出されたため，まだ乳がんを発症していない乳房の予防的切除を行いました．

D.　正常変異形質

目(虹彩)・毛髪・皮膚の色調，平均身長，耳あか型などに人種差があることはよく知られています．このような差異は疾患ではないので正常・異常とはいわず，**正常変異形質**と呼ばれます．なぜなら，金髪碧眼は北欧の集団では普通ですがアジア人にはまれで，逆に黒髪や黒い瞳は北欧ではまれなのにアジア人では普通だからです(もっとも，いまは髪色を好きな色に染めている人も多いですね)．運動能力に関連する遺伝子は80種類以上が知られていますが，もっとも重要だと考えられるのはαアクチニン3遺伝子(*ACTN3*)の多型(R577X)です．アクチニンは筋組織中のアクチンを束ねるタンパクです．多型のうちRR遺伝子型の人は陸上短距離の一流選手など瞬発力のある速筋優位なタイプと関係があり，RX型やXX型はマラソン選手など運動持久力に優れた人に多くみられるようです．

正常変異形質　正常人中にみられる個体差．直毛・縮毛や，乾型・湿型耳あかなどの2型性形質のほかに，身長などの量的形質も含む．

一方，正常変異形質の一部は単一遺伝子で決定されます．たとえば，青色/茶色の虹彩は，*OCA2*(目皮膚脱色2型)遺伝子の近傍にあって *OCA2* の発現を調節しているSNPで決定されています．*OCA2* 全体が欠失(発現なし)

すると白皮症になりますが，SNP部位がCアレルとなると*OCA2*の発現はやや低下するために目を青くするのです．北欧人は高緯度地方で長く生活していたので，皮膚や虹彩の色調が薄く，紫外線を多く吸収し，くる病の発症を防止できる人々が環境に適応し，数が多くなったのです．また，常染色体劣性遺伝性の巻き毛は網膜芽細胞腫遺伝子(*RB1*)のイントロン中にある*P2RY5*遺伝子の変異(多型)です．日本人を含めた多くの東アジア人の耳あか型は乾型です(日本人集団では85%が乾型)．しかし西欧やアフリカなど他の民族集団ではほとんど湿型です(150頁コラム22参照)．耳あか型を決定しているのは膜輸送タンパクの1つMRP8をコードする*ABCC11*遺伝子の多型(c538 G>A)です．乾型がAAホモ接合体で，湿型はGAヘテロ接合体かGGホモ接合体です．Aアレルからつくられる MRP8はアポクリン腺の分泌能がGアレル由来のMRP8に比べて低いので，乾型の人は耳あかや体臭(耳あか・腋窩アポクリン腺からの分泌物)が欠損しているのです．乾型の人は数万年前に東北アジアで起きたGアレル→Aアレルへの最初の突然変異体の子孫で，おそらく寒冷気候に適応して広がったのだと考えられます．

コラム19　まれな遺伝性疾患の解析はメジャーな疾患の治療薬開発のヒント

腎尿細管性糖尿病(腎性糖尿)は，まれな常染色体劣性遺伝病で尿細管の糖の再吸収が阻害され，尿に高濃度の糖が排出される疾患です．糖尿ではあるのですが，血中では高血糖とならず，一般的な高血糖による糖尿とは予後が違います．*SGLT2*遺伝子変異が家族性腎性糖尿に報告され，またこの家系では尿の糖が高値のみの症状のため，SGLT2を抑制しても大きな副作用は生じないものと想定され，SGLT2阻害薬開発が促進されたという経緯があります．このSGLT2阻害薬により，血中の糖が尿へ排出されたあと再吸収されず，糖尿病患者の血中高血糖を尿へ排出させ血糖をコントロールすることが可能となりました．このSGLT2阻害薬は，いまや糖尿病患者の多くの方に使用されています．

コラム 20　ゑびすさんはメタボ予備軍？

高血圧症や糖尿病などの生活習慣病は，おのおのの発症基盤として共通の内臓脂肪型肥満が存在します．内臓脂肪の過剰蓄積が原因で様々な生活習慣病が発症しやすくなった状態をメタボリックシンドローム(代謝症候群)と呼びます．日本人での診断基準は，内臓脂肪の蓄積を必須条件とし，その他に，①高脂質値，②高血圧，③高血糖のうち２つ以上をもつ場合としています．このうち「メタボ」と呼び話題になっているのは内臓脂肪の蓄積を表すとされる腹囲(男性≧85 cm，女性≧90 cm)で，太鼓腹はメタボリックシンドロームの予備軍とされています．昔は健康そうな神様だった「恵比寿さん」や「布袋さん」などは，いまやメタボの代表ですね．しかし，米国やヨーロッパの糖尿病学会の共同声明では，人々に「メタボ」というレッテルを貼るべきでないとしています．

コラム 21　小太りは危険

日本人は農耕民族ですから，しばしば不作による飢饉を経験しています．元来，日本人は飢餓に強く，飢餓状態でも血糖が維持されるようなアディポネクチンの遺伝的多型をもちますが，近年の高脂肪食の摂取によって(小太りとなり)，血糖値が上昇し，糖尿病を発症するという仮説が有力です．したがって，中年以降の小太りは危険因子です．

コラム 22　耳あか型が教える日本人の起源

日本人には「湿型」と「乾型」の２つの耳あか型(表現型)があります．西欧人やアフリカの集団，さらに他の哺乳類はほぼすべて「湿型」なので，それが本来の先祖型です．一方，「乾型」は日本人を含めた東北アジア人の特殊タイプで，耳あかの分泌が欠損する変異型であり，約４万年前に古代のシベリア地方にいた１人に起きた突然変異に由来します．東アジアにおける耳あか型の地理的分布と考古学を基盤としたわが国の歴史を考慮すると，日本人の乾型耳あか型は大陸から移動してきた渡来人に由来すると考えられます．

ゲノム医療と倫理

A. 予防医学

分子遺伝学の発達で遺伝性疾患を発症前に診断することが可能になり，疾患の予防につながると期待されています．好例は高血圧や糖尿病，心筋梗塞などの生活習慣病です．LDL 受容体遺伝子の変異をもつヘテロ接合体は，高い確率で成人以降に高コレステロール血症を呈し，さらに心筋梗塞を発症します(図 67)．この遺伝子変異を発症前に診断すれば，食餌などの生活習慣の改善や医療施設での定期的フォローアップなどで発症を予防することができるかもしれません．難病といわれる疾患でも，有効な治療法が開発されれば，発症前診断はより広く行われるようになるはずです．現在では発症前診断は希望する人に個別に行われていますが，診断技術の発展と相まって，将来は多因子疾患を対象にした集団検診の1つとして行われるかもしれません．

発症前診断 ☞ 128 頁

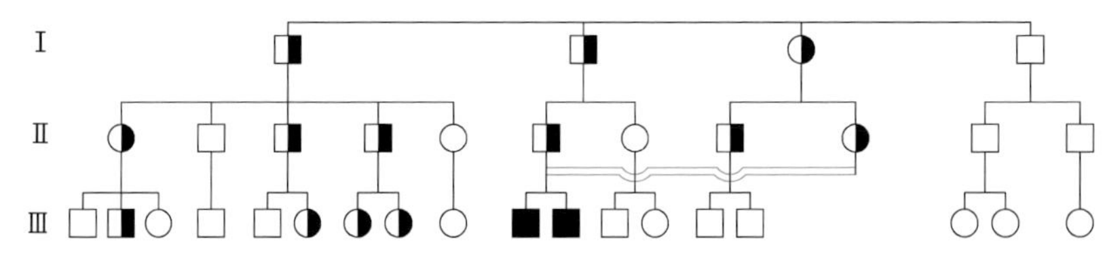

図 67　血族婚で生じた優性遺伝病のホモ接合体(LDL 受容体欠損症)

しかし，すべての遺伝性疾患が発症前に診断できればよいというものではありません．たとえば，ハンチントン病(常染色体優性)は責任遺伝子が単離され，解析されましたが，依然として不治の疾患です．子どもをもうけた後の中年以降に病勢は進行し，ついには死に至ります．このような疾患では，発症前に罹患すると判明することが，かえって心理的負担になる可能性がありますし，子どもにも発症前診断について同様の問題が生じるのです．米国では，この疾患家系のある人が，「将来発症する」と診断され，自殺した例があります．遺伝性疾患の患者や家族には「**知らないでいる権利**」というものがあることを，知っておいていただきたいと思います．また，遺伝性疾患の発症前診断結果が第三者に漏洩したらどうでしょうか．就職先に知れたら解雇されかねませんし，生命保険会社は契約しないかもしれません．

知らないでいる権利　自分または家族の病気自体やその性質・予後などについて知らないでいる権利．知る権利と対極的．

このように，遺伝情報によって人が不利益や差別を受けることがないように，米国では2008年に遺伝情報差別禁止法が成立し，医療保険会社や雇用主が個人の遺伝情報を理由に差別することが禁止されています．残念ながらわが国ではそのような法規制がなされていないのが現状です．

B. ヒトゲノムを対象とした遺伝子検査

「遺伝子検査」といっても，様々な種類の検査があります．病院などで受ける検査(医療の範疇)と，それ以外の検査(医療の範疇外)に大きく分けられます．

a. 医療の範疇の遺伝子検査

医療の範疇で行われる遺伝子検査は，医療機関において病気の人(病気の疑いも含む)を対象に，確定診断や鑑別診断のために行われます．生殖細胞系列変化(その個体において受精卵あるいは発生のごく初期から存在した変異で，その個体の構成細胞のすべてに変異が存在する）と，体細胞変化（発生過程や細胞数の維持のための体細胞分裂時に導入された変異で，個体構成細胞の一部に変異が存在する）に大別されます．特に生殖細胞系列変化は，生涯にわたって変化しないことと，血縁者が同じ変化を保有する可能性がありますので，検査の前後で専門家による適切な遺伝カウンセリングが行われます．

遺伝子検査のうち，2019年10月現在**保険収載されている単一遺伝子疾患**を表27に示しました．これらの対象疾患については，遺伝子変化の種類に応じた解析がなされます．また，**パネル検査**といって，特定の疾患（群）の複数の遺伝子を一度に検査する方法があります．その他に，薬剤の効果や副作用を投与前に調べる**コンパニオン診断**があります（後述）．これには遺伝子検査以外の検査も含まれますが，患者ごとに最適な薬剤の種類や投与量を医師が決定する際の補助的な役割の検査であり，**個別化医療**の1つと位置づけられます．投与前に薬が効くか，副作用が出ないかなどがわかることは，患者にとっても，医療者にとってもよいことですね．

個別化医療　患者それぞれの体質や病気の特徴に合わせた治療を行うこと．

b. 医療の範疇外の遺伝子検査

一方，医療の範疇外で行われる検査は，特に病気が疑われていない人を対象になされるもので，検査会社から直接一般消費者に対して広告，または販売されるものを指します．**DTC（direct to consumer，消費者直接）**または**OTC（over the counter，店頭）遺伝子検査**といいます．検査を受ける人が，唾液や毛髪などの検体を検査会社に直接郵送し，専門の医療機関を介することなく，会社から検査結果が直接届くものです．高血圧，糖尿病などの生活習慣病のかかりやすさ，薬物代謝，肥満などの体質や，特定の能

表 27 保険収載のある単一遺伝子疾患

1. デュシェンヌ型筋ジストロフィー
2. ベッカー型筋ジストロフィー
3. 家族性アミロイドーシス
4. 福山型先天性筋ジストロフィー
5. 脊髄性筋萎縮症
6. 栄養障害型表皮水疱症
7. 先天性 QT 延長症候群
8. 球脊髄性筋萎縮症
9. ハンチントン病
10. 網膜芽細胞腫
11. 甲状腺髄様がん
12. 筋強直性ジストロフィー
13. 先天性難聴
14. フェニルケトン尿症
15. ホモシスチン尿症
16. シトルリン血症(1 型)
17. アルギノコハク酸血症
18. イソ吉草酸血症
19. MG 血症
20. 複合カルボキシラーゼ欠損症
21. グルタル酸血症 1 型
22. MCAD 欠損症
23. VLCAD 欠損症
24. CPT1 欠損症
25. 隆起性皮膚線維肉腫
26. 先天性銅代謝異常症
27. メープルシロップ尿症
28. メチルマロン酸血症
29. プロピオン酸血症
30. メチルクロトニルグリシン尿症
31. MTP (LCHAD)欠損症
32. 色素性乾皮症
33. ロイス・ディーツ症候群
34. 家族性大動脈瘤・解離
35. ライソゾーム病(ムコ多糖症Ⅰ型，ムコ多糖症Ⅱ型，ゴーシェ病，ファブリ病およびポンペ病を含む)
36. 脆弱 X 症候群
37. プリオン病
38. クリオピリン関連周期熱症候群
39. 神経フェリチン症
40. 先天性大脳白質形成不全症(中枢神経白質形成異常症を含む)
41. 環状 20 番染色体症候群
42. PCDH19 関連症候群
43. 低ホスファターゼ症
44. ウィリアムズ症候群
45. アペール症候群
46. ロスムンド・トムソン症候群
47. プラダー・ウィリー症候群
48. 1p36 欠失症候群
49. 4p 欠失症候群
50. 5p 欠失症候群
51. 第 14 番染色体父親性ダイソミー症候群
52. アンジェルマン症候群
53. スミス・マゲニス症候群
54. 22q11.2 欠失症候群
55. エマヌエル症候群
56. 脆弱 X 症候群関連疾患
57. ウォルフラム症候群
58. 高 IgD 症候群
59. 化膿性無菌性関節炎・壊疽性膿皮症・アクネ症候群
60. 先天異常症候群
61. 神経有棘赤血球症
62. 先天性筋無力症候群
63. 原発性免疫不全症候群
64. ペリー症候群
65. クルーゾン症候群
66. ファイファー症候群
67. アントレー・ビクスラー症候群
68. タンジール病
69. 先天性赤血球形成異常性貧血
70. 若年発症型両側性感音難聴
71. 尿素サイクル異常症
72. マルファン症候群
73. エーラス・ダンロス症候群(血管型)
74. 遺伝性自己炎症疾患
75. エプスタイン症候群

力・適性(スポーツ，学習，記憶力等)など，多因子遺伝の形質が主な対象です．しかしながら，科学的根拠が乏しかったり，臨床的有用性や検査精度が不明だったり，検査の前後に専門家によるカウンセリングがなく，基本的に一般消費者自身が結果を解釈しなければならないなど，科学的，倫理的，制度的にも様々な問題を含んでいるため，公的機関による規制や対応が望まれています．さらに，“結果に合わせた”と称してサプリメントなどを販売し，遺伝子検査を「ビジネス」として行っている業者もあり，注意が必要です．親が子どもの能力・適性などの検査を行うことは，子どもの将来の選択の自由を奪うことにもつながり，倫理的な問題が指摘されています．

C. 出生前診断法

胎芽期や胎児期に遺伝性疾患の診断を行うのが**出生前診断**です(図68)．患者の疾患をあらかじめ知っておくことで，胎児期や新生児期における合併症の予測や十分なケアを計画できる利点があります．また，重症な疾患では，家族の強い希望で行われることもあります．わが国では,「身体的又は経済的理由により母体の健康を著しく害するおそれ」という母体保護法の条文を根拠に，人工妊娠中絶が選択されることがあります．

出生前診断　生まれる前に疾患を診断すること．

a. 羊水診断

妊娠15〜17週の羊水細胞を試料として，遺伝性疾患の診断を行うのが羊水診断です．超音波診断によって**羊水穿刺**を行い，約20 mlの羊水を採取します．**羊水細胞**は培養後，胎児の染色体異常の診断に用い，羊水自体は無脳症などの診断に用いられることがあります(図68)．染色体異常の羊水診断には表28のような基準が設けられています．

羊水穿刺　経腹的に羊水を採取する手技．

羊水細胞　羊水中に浮遊している細胞．胎児由来の細胞である．

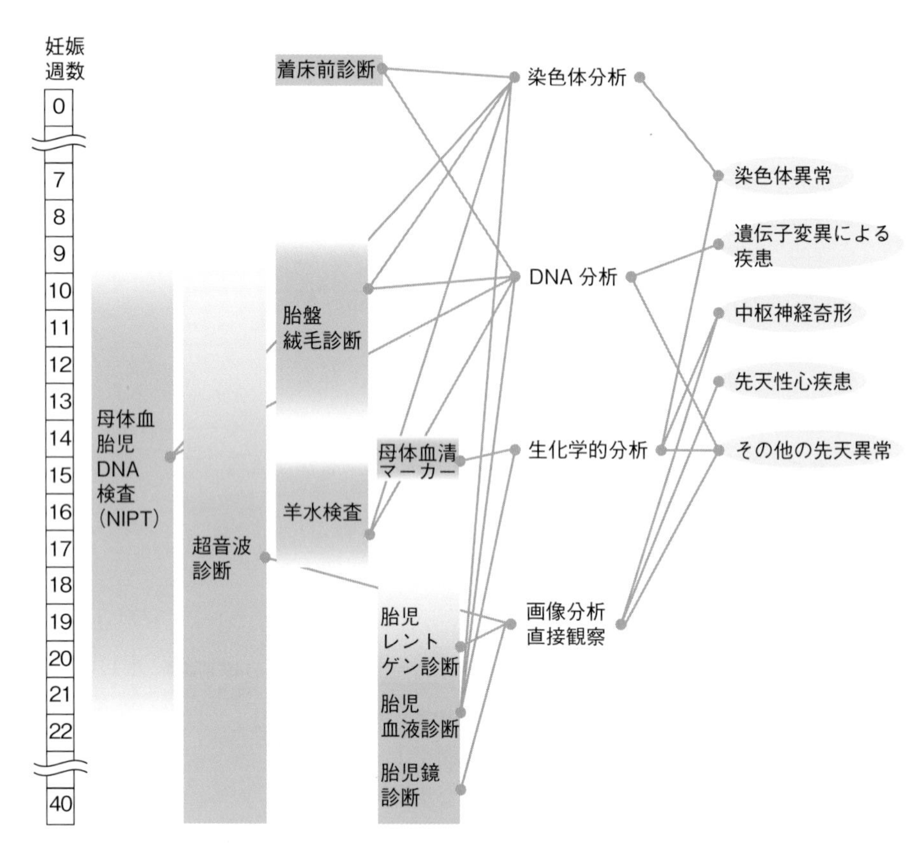

図 68　出生前診断が可能な疾患とその方法

表 28　出生前染色体診断法の適応

●染色体構造異常の保因者である本人または配偶者
●過去に染色体異常児を出産した妊婦
●家系に染色体異常児を出産した人がいる妊婦
●原因不明の奇形児を出産した妊婦
● 35 歳以上の高齢妊娠
●重篤な X 連鎖遺伝病の保因者

b. 絨毛診断

妊娠 9～13 週に採取した胎盤絨毛を用いて診断する方法です．染色体検査のほかに，酵素診断や DNA 診断に利用されます．絨毛検査は，胎動を感じる以前の時期に施行されるため，妊婦の肉体的・精神的負担が少ないという利点があります．ただし実施施設が限られていることに注意が必要です．

c. 母体血による胎児 DNA 診断

従来は母体血中の胎児有核細胞や母体血漿中の胎児由来 DNA を用いて PCR 法で DNA を増幅した後，DNA 診断を行う方法がとられていました．最近は，後者の胎児由来 DNA（母体血漿中の約 10％を占める）を次世代シークエンサーで解析する**無侵襲的出生前遺伝学的検査（NIPT）**が行われるようになりました．各染色体の母由来 DNA と胎児由来 DNA 断片量を算定・比較し，胎児由来の DNA の増減を測定することで胎児が染色体の数的異常や不均衡構造異常などに罹患する確率を統計的に予測するものです．したがって，**非確定的検査**と位置づけられていて，羊水/絨毛染色体診断で確定診断する必要があります．従来は実施が日本産婦人科学会で認定された施設に限られていましたが，適応施設が広がりつつあります．NIPT は現在では染色体異常を検出することが主ですが，塩基配列自体を用いた変異解析も視野に入ってきています．

d. 着床前診断

体外受精により得られた 8～16 細胞期胚から細胞分裂中期の染色体標本を作製して FISH 法などで解析したり，胎児胚盤胞の 1～5 細胞を取り出して行う DNA 診断法があります．しかしこれらの方法による診断は，より高度な倫理的規制が必要とされます．

D. オーダーメード(個別化)医療と薬理遺伝学

従来の医療は，多くの患者に効果のある薬剤を第1選択としてきました．効果のない患者には次の薬剤が選択されました．一般的に，効果があるとされる薬剤も60%内外の人に効くに過ぎません．残りの人には効果がないか，逆に重篤な副作用を起こすこともあるのです．これらの効果や副作用の有無は，従来は体質といわれてきましたが，薬剤の代謝に関連ある遺伝子の研究から，薬物の効き方も遺伝的に違いのあることがわかってきました．それも1塩基多型(SNP)などの遺伝子多型によると考えられます．多型によって，**薬剤の代謝速度**の速い人や遅い人がいます．代謝速度の速い人(薬剤を早く無効にするような代謝)は薬の効き方が弱いので，多くの量を与える必要がありますし，代謝速度の遅い人では効き方が強すぎるので，通常量の服用でも薬剤が体内に蓄積され，副作用が起こることがあります(165頁**コラム23**参照)．肝臓で薬剤解毒を担う代謝酵素であるシトクローム P450 タンパクファミリーの遺伝子や，薬剤の輸送を担当する種々のトランスポーター遺伝子の SNP が，薬剤の代謝速度の速い人や遅い人を決定する中心的役割をもっています．シトクローム遺伝子のうち *CYP2D6* は，その多型によって60種以上の抗うつ薬，抗不整脈薬，抗精神病薬などの効き方が違うので，投与するときに多型が調べられていますし，*CYP2A6* が欠失するとタバコに含有されるニトロソアミンが活性化されないため，肺がんリスクは少なくなるとされています．*CYP2D19* は消化性潰瘍治療薬を代謝しますが，日本人では代謝の遅い人が20%近くもいて，その多型は治療効果を左右します．これらの人では胃中ピロリ菌の除菌効果が高いのです．*CYP2C9* は経口糖尿病薬トルブタミドを代謝し，日本人の5%は代謝が遅いとされています．

薬剤の代謝速度　体内の薬剤が代謝され排泄される速度．一般的に速度の速い人は薬の効力が弱い代わりに副作用も少ない．

一方，それ以外にも薬剤代謝に大きな役割をもつ種々の遺伝子が知られています．たとえば，抗結核薬のイソニアジド(INH)を代謝する酵素である*N*-アセチルトランスフェラーゼ遺伝子(*NAT2*)の欠損やある種の多型はINHの代謝速度を遅くします．グルコース-6-リン酸脱水素酵素遺伝子(*G6PD*)の欠損は，マラリア予防薬プリマキンの急性溶血などの副作用の原因となります．細胞間のカルシウムチャネルの働きを担うリアノジン受容体遺伝子(*RYR1*)の変異は，筋小胞体におけるハロタン，イソフルラン，セボフルランなどの吸入麻酔薬に対する異常な代謝亢進を生じ，麻酔時に悪性高熱や筋無力・硬直などを起こします．ちなみに，2万人に1人に起こる悪性高熱症は常染色体優性の形質です．麻酔前投与薬として使用される筋弛緩薬スキサメトニウムはときに遅延性無呼吸を起こしますが，これは擬コリンエステラーゼ遺伝子(*CHE1*)の変異アレルのホモ接合体で生じるのです．ミトコンドリア遺伝子の多型がアミノ配糖体系の抗生物質の副作用(難聴など)に関与します．大腸がんや肺がんに有効な日本発の抗がん薬であるイリノテカンの副作用は，多型を利用した遺伝子検査である程度予測することが可能になりました(コンパニオン診断)．

遺伝子多型と薬剤代謝の関係が判明しているものはいまだ多くはありませんが，将来はほぼすべての薬剤で明らかにされるでしょう．そのときは個々の患者の疾患感受性遺伝子や薬剤感受性遺伝子の違い(多型など)をベースにして，個々人に適合した薬剤投与がなされると予想されています．つまり，従来のレディメード(集団的)医療から**オーダーメード(個別化)医療**へ向かうのです．このような遺伝子多型と薬剤代謝の関係を明らかにする学問領域は**ファーマコゲノミクス**(薬理ゲノム学：PGx)といわれます．

ファーマコゲノミクス　薬剤代謝に関与する遺伝子多型を研究する分野．

E. 遺伝カウンセリング

遺伝カウンセリングは単なる医療相談ではありません．一定の結論や意思決定をあらかじめ想定したうえでの来訪者(クライエント)とカウンセラーの対話です．WHOのガイドライン(1995)によれば，遺伝カウンセリングは「家族のニーズに対応する遺伝学的およびすべての関連情報を提供すること」であり，「家族や個人がそのニーズ・価値・予想などを理解したうえで，意思決定ができるように補助すること」です．対話はクライエントからの自発的行為によって求められ，その人自身や家族中に発生している遺伝性疾患についての遺伝予後，対応法，心理的悩みなどについて行うのが本来の姿です．残念なことに，大多数の遺伝病に対しては現在のところ根本的治療法がありません．また，遺伝子診断などでは倫理的・心理的配慮が強く求められることがあります．このようなときに，遺伝カウンセリングが行われるのです．重症な疾患，特に重度の知的障害・運動障害や致死的な疾患では，出生前診断が考慮されることがあり，また家族もそれを強く希望することがあります．現在行われている多くの遺伝カウンセリングは，出生前および小児期のメディカルケアの一端を担っているようですが，将来は種々の生活習慣病に対して行われることになるでしょう．ゲノム医学の発展による個別化医療を反映して，米国人類遺伝学会では近い将来「ゲノムカウンセリング」という分野の設置が予想されています．

クライエント　遺伝カウンセリングを受けにきた人．

遺伝予後　次子が同じ疾患に罹患する確率．再発率と同義．

a. カウンセラーの資格と心得

カウンセリングの結果いかんでは，クライエントの一生や家族の運命をも左右することになりかねません．したがって，カウンセラーは正確な近代遺伝医学の知識をもつことは無論，家族の悩みを理解し，クライエントや家族構成員の人権を十分に尊重するような人間性が必要であり，かつ意思決定に対しては非指示性や中立性，倫理性も要求されるのです．わが国では，2002年から日本人類遺伝学会と日本遺伝カウンセリング学会が共同で臨床遺伝専門医制度を発足させ，遺伝専門医の育成と普及をはかっています．遺伝カウンセリングはこの遺伝専門医の業務の1つであるほか，修練を積んだ専門職（修士レベル）も認定遺伝カウンセラーとして活躍しつつあります．わが国と似た医療制度の英国では遺伝看護師の職種があります．わが国でも，臨床遺伝専門医と遺伝カウンセラーに続いて，2017年に遺伝看護が専門看護分野として認定され，2019年現在6人の遺伝看護専門看護師が登録されています．上述のWHOガイドラインでも，医師・看護師・保健師などが行う遺伝カウンセリングを正式な職種として確立するように勧告しています．WHOはまた，先進国における遺伝医学の専門家数と人口の比が約1：22万人で，開発途上国では約1：370万人だと推定しています（2015）．2019年10月現在，わが国には1,344人の臨床遺伝専門医がおり，1:9.4万人の人口比です．

b. 相談内容とクライエント

具体的内容はカウンセラー自身の遺伝医学の専門分野によっても，遺伝カウンセリング施設やその地域によっても異なるので，一概に相談事項を比率で表すのは適切ではありません．遺伝病，染色体異常症，生活習慣病，種々の奇形，知的障害，精神障害，妊娠中の薬物・化学物質・電離放射線などの被曝，出生前診断，血族婚，そして遺伝子診断などが一般的相談事項ですし，またゲノム・遺伝子解析研究への協力者に対しても行われます．都会にある施設では結婚前にカップルで来訪することがありますし，地方ではいとこ婚についての漠然とした相談をその親族から受けることもあります．わが国のクライエントは患者自身より家族構成員(多くは患者の親)の場合が多い傾向があります．

c. 遺伝予後(再発率)

遺伝病は同一家系内に再び現れることが多くあります．メンデル遺伝病や遺伝性の染色体構造異常の場合，理論的に分離の法則に従う分離比が算定でき，**理論的再発率**といいます．しかし，ヒトでは分離比を乱す要因が多数知られ，理論値どおりにはならないことがあります．そこで**経験的再発率**を用いることになります．経験的再発率は，多数の同一疾患家系の解析から得たものです．実際には，理論的再発率を加味した家族特有の情報，および経験的再発率を合わせた複合再発率を用います．一方，多因子遺伝病では理論的再発率は算定できませんので，もっぱら経験的再発率で推定することになります．

理論的再発率　メンデルの遺伝法則や染色体の分離法則から算出する再発率．

経験的再発率　集積した多数の同様の家族中で，実際に罹患した子ども数から算出する再発率．

F. 遺伝子治療

遺伝子治療は遺伝子の操作によって病態を改善することを目的とした治療法です．今まで研究レベルでは様々な疾患に対して遺伝子治療が研究されています．実際の臨床レベルで成功を収めているのはアデノシンデアミナーゼ(ADA)欠損症に対して行われた治療法です(Ⅷ-A，図60参照)．免疫を担当するリンパ球に正常(野生型)遺伝子を導入して患者に戻すと，正常な機能を回復するのです．わが国でも数例のADA欠損患児に遺伝子治療が行われ，正常の免疫を獲得しています．

米国では，2017年に初めて遺伝性疾患に対するアデノ随伴ウイルスベクターによる治療薬が承認されました．対象となった疾患は，*RPE65*遺伝子の両アレルに病的変異があることで起こる遺伝性網膜疾患で，今まで治療法がなく最終的には失明に至っていました．今回，正常の*RPE65* 遺伝子を含むアデノ随伴ウイルスベクターを網膜に直接注入することで，正常化とまではいきませんが，視力を回復させることができるようになりました．また脊髄性筋萎縮症の遺伝子治療も脚光を浴びようとしています．今後，他の遺伝性疾患に関しても同じような治療法が開発されることが期待されています．遺伝子治療は，現在のところ遺伝子発現が，ある種の臓器や組織に限られた疾患に対して行われていて，全身の細胞が冒されるような疾患や奇形に対してはまだ適応外です．

最近のゲノム編集技術を用いて，ヒトゲノムを操作できる時代になりました(129 頁コラム 18 参照)．しかし，現在許可されているのは，患者の体細胞の遺伝子治療法であり，生殖細胞や受精卵のゲノムを操作し次世代にまで影響が出る遺伝子治療は禁止されています．

G. 遺伝医学と生命倫理

遺伝子変異は生物に普遍的に生じるものです．分子のレベルでみると，集団中に一定の割合でみられる SNP も同じ塩基置換であり，本質的には疾患の変異とは差がないのです．また，常染色体劣性遺伝の形質に関係する変異遺伝子は，どんな人でも平均 10 個内外は有している(ヘテロ接合体)と推定されています．この人が同じ変異遺伝子をもつヘテロ接合体と結婚すれば，子どもの 1/4 が遺伝病に罹患するのです．したがって，ヒトという集団でみれば，遺伝子変異はなんら特殊な事象ではないのです．しかしわが国では遺伝性疾患を隠蔽したり，家族の恥だと思ったりすることがまだあります．また，社会も遺伝病患者を差別することがありがちです．個人の人権を最大限に尊重するのが近代社会です．

生命倫理は，①**オートノミー**(自律性)：個人(人権)および自律的な個人の意思(自己決定権)の尊重，②**被害(危害)防止**：種々の医学的・社会的被害から個人(患者)を保護，③**善行・仁恵**：個人の福祉の優先と，個人の健康に関する利益の増大，④**正義**：公正さと公平，および社会における利益と負担の公平化，の4つの基本原則からなります．

遺伝医学に携わる者は，患者の人権を尊重し(オートノミー)，家族や個人の遺伝情報を守秘し(被害防止)，患者に対しての父権(**パターナリズム**)的な態度は戒めなければなりません．遺伝性疾患に対する医療行為は患者個人だけでなく，その家族にも影響を与えるということを忘れてはなりません．とりわけ遺伝子診断では，①どのような遺伝病に対して行うのか，②どのようにして診断結果の秘密を守るのか，③どのようにして社会的差別(**遺伝子差別**)から守るのか，④診断結果は本人以外の家族に伝えてもよいのか，などの問題点が解決されなければならないとされています．このようなことに鑑み，日本人類遺伝学会など遺伝医学関連10学会では，「遺伝学的検査に関するガイドライン」(2003)(http://jshg.jp/wp-content/uploads/2017/08/10academies.pdf)(最終確認：2019年11月28日)と「一般市民を対象とした遺伝子検査に関する見解」(2010)(https://jshg.jp/wp-content/uploads/2017/08/Statement_101029_DTC-2.pdf)(最終確認：2019年11月28日)，「医療における遺伝学的検査・診断に関するガイドライン」(2011)(http://jams.med.or.jp/guideline/genetics-diagnosis.pdf)(最終確認：2019年11月28日)を提出し，このような倫理的配慮を要する医療を施行するときの指針にするよう提案しました．

パターナリズム　封建時代の父のように強権をもって指導するような態度のこと．

遺伝子差別　就学・就職・保険加入などの機会に，遺伝子型によって差をもうけること．

コラム23　下戸は遺伝する

アルコールも薬剤の１つですから，大量に飲酒しても平気な人や，少量でもすぐに酩酊したり，急性アルコール中毒になったりする人がいることは誰もが見聞きしていることです．アルコールの代謝は，アルコール脱水素酵素とアルデヒド脱水素酵素２の２つの働きで調節されています．お酒に弱い人はアルデヒド脱水素酵素２がない(完全欠損，人口の９%)か，少ない(不完全欠損，41%)ので，アセトアルデヒドが体内に蓄積されて，すぐ赤く(フラッシャーと呼ばれるアルコール不耐症)なります．アジア人にはフラッシャーが多いのですが，白人にはほとんどいません．ですから，アルコール中毒患者もアジア人には少ないのです．完全欠損の下戸(少量でも顔面紅潮，悪心，動悸などの症状が出現)は先天異常症ですから，無理にお酒を勧めてはなりません．

付録 ベイズ推定法

実際の遺伝カウンセリングでは，リスク算出にベイズ推定法が使われます．ここではある条件下でのリスク算出法(ベイズ推定法)を説明します．

理論的に再発率が算定できる場合には，事前の情報を加味してリスクを算定できることがあり，ベイズの定理を用います．ベイズの定理(ベイズ推定法)は，条件付き確率の計算であって，遺伝医療の場合の条件とは，家系情報です．つまり，家系情報が加わると，事前確率から事後確率へと確率が変化します．条件付き確率は「事象 A が生じたという条件のもとで事象 B が生じる確率」で，$P(B|A)$ または $P_A(B)$ と表し，$P(A)$(事象 A の発生確率)を分母として，

$$P(B|A) = P(A \cap B)/P(A)$$

と計算します．具体的に説明していきます．

図 a でベイズ推定法がどのようなことかを簡単に説明できます．第 1 子が常染色体劣性遺伝病を発症したとします．そうすると，父親と母親は，疾患アレル(mut)と野生型(WT)のヘテロ接合であることが確定できます．これも，一種の条件付き確率の結果です．第 1 子が生まれる前は，父親がヘテロ接合である確率は，疾患アレル(mut)の集団内のアレル頻度 q とすると $2(1-q)q$ でした(第Ⅵ章

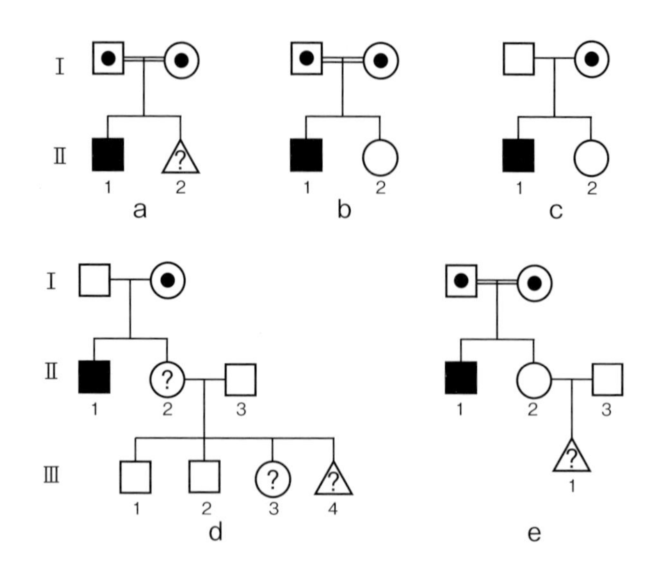

a：Ⅱ-2 は誕生する前は，1/4 で患者，2/4 で保因者，1/4 で野生型ホモ接合
b：Ⅱ-2 が誕生して非罹患の情報を利用すると，保因者の確率は 2/3
c：Ⅱ-2 の保因者確率は 1/2
d：Ⅱ-2 は保因者事前確率 1/2，野生型ホモ事前確率 1/2．保因者でかつ非罹患男児 2 人をもつ確率は $(1/2)\times(1/2)^2$，野生型ホモ接合体でかつ非罹患男児をもつ確率は $(1/2)\times(1)^2$，ベイズ推定法による保因者確率は $(1/8)/(1/8+1/2)=1/5$
e：Ⅱ-2 の保因者確率は 2/3．Ⅱ-3 の保因者確率は，集団の疾患アレル頻度を q として $2q(1-q)$．Ⅲ-1 の疾患発症確率は $(2/3)\times 2q(1-q)\times 1/4=(1/3)\times q(1-q)$

図　様々な家系図でのベイズ推定法

参照）し，家系図中に●はつきません．しかし，第 1 子が常染色体劣性遺伝を発症した情報を得て，親がヘテロ接合である確率が事前確率 $2(1-q)q$ から事後確率 1［親のことを**絶対保因者**（obligate carrier）と呼ぶ］へ変更されたことになり，家系図中に●がつきます．次に図 b において，Ⅱ-2 が保因者である確率を考えましょう．1/2 ではありません．確かに生まれる前ならば，確率 1/2 で保因者ですが，すでに本人が生まれて非罹患（家系図中の○）という情報があるのです．したがって，事前確率は遺伝型（WT/WT）：1/4，遺伝型（WT/mut）：1/2，遺伝型（mut/mut）：1/4 でしたが，非罹患という情報によって，保因者である

絶対保因者　家系情報から確定的に疾患アレルと野生型アレルのヘテロ接合と推論確定できる保因者．

確率が変更されます．なぜなら，遺伝型(mut/mut)ではないからです．ベイズ推定法では，

事後確率(情報を得た後の確率)＝

$$\frac{\text{(分母の)条件下での求めたい状況の確率}}{\text{いまの状況が得られるすべての場合の確率}}$$

と言い換えられます．図 b の場合，非発症の確率のすべての事象(分母)の確率は，(WT/WT)：1/4 または(WT/mut)：1/2，分子は保因者である事象の確率(WT/mut)：1/2です．よって，Ⅱ-2 が非罹患であるという条件のもとでⅡ-2 が保因者である確率は，(1/2)/(1/4＋1/2)＝2/3です(Ⅳ-C，図 28 参照)．ベイズ推定には，何が与えられた情報(条件)で，何を算出したいのかを明確に整理しておく必要があります．それが明確になれば，ベイズ推定法は難しくはありません．

図 c で X 連鎖劣性遺伝病を考えてみましょう．Ⅱ-1 が X 連鎖劣性遺伝病を発症したことから，Ⅰ-2 は絶対保因者です．Ⅱ-2 は，確率 1/2 で保因者(WT/mut)，確率1/2 で(WT/WT)です．では，図 d の状況を考えてみます．求めたい確率はⅡ-2 が保因者である確率，条件はⅡ-2 の 3 人の子が発症していないということです．X 連鎖劣性遺伝病ですから，Ⅲ-3 の女性は，Ⅱ-2 が保因者WT/mut でも WT/WT でも必ず発症しないので，Ⅲ-3の女性が非罹患という情報は，Ⅱ-2 の保因者か否かについて新しい情報を付与しませんから利用しません．情報(条件)は，「Ⅲ-1 とⅢ-2 の男性が発症していない」ことです．このような事象が起こった条件のもとで，Ⅱ-2 が保因者である条件付き確率を計算してみます．

分母は，

1) Ⅱ-2 が保因者で，かつ，Ⅲ-1 もⅢ-2 も非罹患となる

(1/2)×$(1/2)^2$ (保因者事前確率×2回ともWTアレルを子に伝えた)＝(1/8)

2) Ⅱ-2が(WT/WT)で，かつ，子が非罹患

(1/2)×1^2 (WT/WT事前確率×2回ともWTアレルを子に伝えた)＝(1/2)

分子は，

1) Ⅱ-2が保因者で，かつ，Ⅲ-1もⅢ-2も非罹患となる

(1/2)×$(1/2)^2$ (保因者事前確率×2回ともWTアレルを子に伝えた)＝(1/8)

よって，Ⅱ-2が保因者である事後確率は，(1/8)/(1/8＋1/2)＝1/5です．第4子が男児と判明した時点で発症確率(女児であれば保因者となる確率)は1/5×1/2＝1/10です．Ⅲ-3はベイズ推定法の有効情報にはなりませんでしたが，1/10の確率で保因者です．ただし，もしⅢ-4が男児で疾患発症すると，Ⅱ-2の母親は，その事後情報により絶対保因者に変更されます．家系図中では？ではなく●が付与されます．

集団中の常染色体劣性遺伝病の発症率とハーディ・ワインベルクの法則(第Ⅵ章参照)，ベイズ推定法を利用すると図eのⅢ-1の発症確率を推定できます．この常染色体劣性遺伝病の発症率を1/1,000,000 (百万分の一)と仮定しましょう．そうすると，この疾患アレルの集団内の頻度は√百万分の一＝1/1,000です．したがって，Ⅱ-3がヘテロ接合体(保因者)である確率は，およそ2×1/1,000＝1/500です．Ⅱ-2が保因者である確率2/3と合わせて，Ⅲ-1の発症確率は1/4×2/3×1/500＝1/3,000と計算できます．あまり高い確率ではなさそうですが，百万分の一よりは，333倍確率が高くなっています．カウンセリング時の説明の仕方で，クライエントの受け止め方がずいぶん違ったものになると考えられます．

参考図書

遺伝医学一般

中込弥男(1996)“ヒトの遺伝”，岩波書店，東京.
中村祐輔(1997)“遺伝子で診断する”，PHP研究所，東京.
山村研一(1997)“考える遺伝学”，南山堂，東京.
中込弥男(1999)“遺伝子できまること，きまらぬこと”，裳華房，東京.
香川靖雄，笹月健彦 編(2000)“遺伝と疾患”，岩波書店，東京.
藤田　潤(2003)“みんな知りたい　遺伝のはなし”，京都新聞出版センター，京都.
徳永勝士 編(2007)“人類遺伝学ノート”，南山堂，東京.
新川詔夫，吉浦孝一郎(2009)“カラー図解　基礎から疾患までわかる遺伝学”，メディカル・サイエンス・インターナショナル，東京.
福嶋義光 監修(2019)“新遺伝医学 やさしい系統講義19講”，メディカル・サイエンス・インターナショナル，東京.
福嶋義光 監訳(2017)“トンプソン&トンプソン遺伝医学”，第2版，メディカル・サイエンス・インターナショナル，東京.

遺伝病

高久史磨，松田一郎，本庶　佑，榊　佳之(1993)“遺伝子病入門”，南江堂，東京.
垂井清一郎，多田啓也 編(1996)“遺伝子病マニュアル　上・下”，中山書店，東京.
中村祐輔(1996)“用語ライブラリー　遺伝子病”，実験医学別冊，羊土社，東京.
埜中征哉，後藤雄一 編(1997)“ミトコンドリア病”，医学書院，東京.
梶井　正，黒木良和，新川詔夫 監修(2005)“新先天奇形症候群アトラス”，第2版，南江堂，東京.
奈良信雄，池内達郎，東田修二，小原深美子，中田章史，吉田光明(2015)“遺伝子・染色体検査学”，医歯薬出版，東京.
緒方　勤(2003)“ターナー症候群の遺伝学”，メディカルレビュー社，東京.
衛藤義勝 監修(2004)“ファブリー病　基礎から臨床までの最近の知見”，ブレーン出版，東京.
Cassidy SB, Allanson JE (2011) “Management of Genetic Syndromes”, 3rd ed, Wiley-Blackwell, New Jersey.
チョッケ&ホフマン(松原洋一 監訳)(2013)“小児代謝疾患マニュアル”，第2版(原書第3版)，診断と治療社，東京.
成富研二(2007) Syndrome Finder Ver 5 (遺伝性症候群補助診断ソフト)；UR-DBMS Ver 14 (世界最大の遺伝性疾患データベース). CD版(入手法は直接，琉球大学医学部の成富研二教授まで).
稲澤譲治，蒔田芳男，羽田　明(2008)“アレイCGH診断活用ガイドブック”，医薬ジャーナル社，東京.
McKusick VA (2008) Online Mendelian Inheritance in Man (OMIM)：https://www.omim.org/
井村裕夫，福井次矢，辻　省次(2011)“症候群ハンドブック”，中山書店，東京.
櫻井晃洋(2013)“遺伝子検査と病気の疑問”，メディカルトリビューン，東京.

分子遺伝学・ゲノム医学

Judson HF (野田春彦 訳)(1982)“分子生物学の夜明け—生命の秘密に挑んだ人たち 上・下”，東京化学同人，東京.
Jordan B (美宅成樹 訳)(1995)“ヒトゲノム計画とは何か”，講談社，東京.
栗山孝夫(1995)“DNA で何がわかるか”，講談社，東京.
菅野純夫 編(2005)“ここまで進んだゲノム医学と疾患研究”，実験医学増刊，羊土社，東京.
村松正實，木南　凌，笹月健彦，辻　省次 監訳(2011)“ヒトの分子遺伝学”，第 4 版，メディカル・サイエンス・インターナショナル，東京.
菅野純夫，福嶋義光 監訳(2016)“ゲノム医学”，メディカル・サイエンス・インターナショナル，東京.

細胞遺伝学

古庄敏行，外村　晶，清水信義，北川照男 編(1992)“臨床遺伝医学［Ⅱ］—染色体異常症候群”，診断と治療社，東京.
阿部達生，藤田弘子 編(1997)“新染色体異常アトラス”，南江堂，東京.
Schinzel A (2001)“Catalogue of Unbalanced Chromosome Aberrations in Man”, De Gruyter, Berlin.
山本俊至 編(2012)“1p36 欠失症候群ハンドブック”，診断と治療社，東京.
山本俊至 編(2012)“マイクロアレイ染色体検査”，診断と治療社，東京.

遺伝カウンセリング・倫理

Werts DC, Fletcher JC, Berg K (1995)“Guidlines on Ethical Issues in Medical Genetics and the Provision of Genetic Services”, World Health Organization.
松田一郎(1998)“小児医療の生命倫理”，診断と治療社，東京.
松田一郎(1999)“動き出した遺伝子医療—差し迫った倫理的問題”，裳華房，東京.
千代豪昭(2000)“遺伝カウンセリング　面接の理論と技術”，医学書院，東京.
新川詔夫 監修，福嶋義光 編(2003)“遺伝カウンセリングマニュアル”，第 2 版，南江堂，東京.
千代豪昭，滝沢公子 監修(2006)“遺伝カウンセラー—その役割と資格取得に向けて”，真興交易医書出版部，東京.

索　引

あ

い

う

え

お

か

さ

し

す

せ

そ

た

ち

ひ

ふ

へ

ほ

ま

み

む

め

も

や

ゆ

よ

ら

り

れ

ろ

わ

遺伝医学への招待（改訂第６版）

1990 年 5 月 20 日　第 1 版第 1 刷発行	監修者 新川詔夫
2008 年12月 10 日　第 4 版第 1 刷発行	著　者 太田　亨，吉浦孝一郎，三宅紀子
2014 年11月 20 日　第 5 版第 1 刷発行	発行者 小立健太
2018 年 8 月 15 日　第 5 版第 4 刷発行	発行所 株式会社 南 江 堂
2020 年 1 月 10 日　第 6 版第 1 刷発行	〒113-8410 東京都文京区本郷三丁目42番6号
2022 年 3 月 1 日　第 6 版第 2 刷発行	☎(出版)03-3811-7236 (営業) 03-3811-7239
	ホームページ https://www.nankodo.co.jp/
	印刷・製本 壮光舎印刷
	装丁　星子卓也

An Introduction to Medical Genetics

定価は表紙に表示してあります．
落丁・乱丁の場合はお取り替えいたします．
ご意見・お問い合わせはホームページまでお寄せください．

Printed and Bound in Japan
ISBN978-4-524-24931-2